Christoph Gufler

Weinland Südtirol

Geschichten, Lagen, Sorten

Christoph Gufler

Weinland Südtirol
Geschichten, Lagen, Sorten

Edition
RAETIA

Die Drucklegung erfolgte mit freundlicher Unterstützung der Abteilung Deutsche Kultur der Autonomen Provinz Bozen-Südtirol.

AUTONOME PROVINZ BOZEN SÜDTIROL
PROVINCIA AUTONOMA DI BOLZANO ALTO ADIGE
Deutsche Kultur

Erste Auflage 2019

Bilder Umschlag: oben (Tourismusverein Kaltern am See/Helmuth Rier), Mitte links (Kellerei Terlan/Udo Bernhart), Mitte Mitte (IDM Südtirol/Frieder Blickle), Mitte rechts (IDM Südtirol/ Clemens Zahn), unten links (IDM Südtirol/Florian Andergassen), unten Mitte (IDM Südtirol/Marion Lafogler), unten rechts (Kellerei Tramin/Florian Andergassen), Rückseite (Kellerei Meran/Stephan Fischnaller)

Grafisches Konzept: Dall'O Freunde
Druckvorstufe: Typoplus, Frangart
Printed in Europe

ISBN 978-88-7283-683-5

Unseren Gesamtkatalog finden Sie unter www.raetia.com.
Bei Fragen und Anregungen wenden Sie sich bitte an info@raetia.com.

Inhaltsverzeichnis

Dieses Buch ist ein unterhaltsamer Führer durch eines der schönsten Weinbaugebiete der Welt. Es enthält alles Wissenswerte über den Südtiroler Wein – von den ungewöhnlich zahlreichen Rebsorten über berühmte historische Weinlagen bis hin zu den hochprämierten Weinen der Gegenwart. Viele praktische Tipps helfen, die Südtiroler Weine mit allen Sinnen zu entdecken und zu genießen. Außerdem werden in diesem Buch zahlreiche Histörchen und Anekdoten serviert, die beweisen, dass der Südtiroler Wein schon immer ein ganz besonderes Getränk war. In diesem Sinne: Zum Wohl!

Christoph Gufler

Folgende Doppelseite: Die zwei Türme des Kalterer Ortsteils St. Nikolaus mit dem Kalterer See in der Ferne.

Alles Wissenswerte über den Südtiroler Wein

Welche Rebsorten gibt es in Südtirol?

Mit 20 angebauten Rebsorten weist das kleine Weinland Südtirol eine **ungewöhnliche Vielfalt** auf. Keine andere Weinregion Italiens verfügt über eine derartige Sortenmenge. 58 % der Weinbaufläche nehmen **Weißweine** ein, von denen Pinot Grigio (585 ha), Gewürztraminer (520 ha), Chardonnay (494 ha), Weißburgunder (475 ha) und Sauvignon (324 ha) rund 75 % ausmachen. Die restlichen Flächen teilen sich Müller-Thurgau, Sylvaner, Kerner, Riesling und Veltliner. Insgesamt werden jährlich rund 200.000 hl Weißweine erzeugt. 42 % des Südtiroler Weinanbaugebietes sind mit **Rotweinsorten** bepflanzt. Die autochthonen, seit Jahrhunderten hier beheimateten Sorten Vernatsch (1.187 ha) und Lagrein (416 ha) bilden den Löwenanteil. Es folgen Blauburgunder (344 ha), Merlot (200 ha), Cabernet (167 ha) und Rosenmuskateller (15 ha). Jedes Jahr werden durchschnittlich 150.000 hl Rotweine produziert.

Die häufigsten Rebsorten in Südtirol in Prozent

Vernatsch	14,8 %
Pinot Grigio	11,7 %
Gewürztraminer	10,7 %
Chardonnay	10,0 %
Weißburgunder	10,0 %
Lagrein	8,7 %
Blauburgunder	8,2 %
Sauvignon	7,3 %
Müller-Thurgau	3,9 %
Merlot	3,5 %
Cabernet	3,0 %
Kerner	1,9 %
Goldmuskateller	1,7 %
Sylvaner	1,4 %
Riesling	1,4 %

Wo wachsen welche Weine?

Der größte Teil der Südtiroler Rebflächen **befindet sich** zwischen 200 und 600 Metern Meereshöhe. Die Obergrenze liegt bei 900 Metern. **In besonders geschützten Lagen werden auch Höhenlagen über 1.000 Meter erreicht.** Die verschiedenen Böden aus Porphyr (Meran, Bozen), Quarzphyllit (Eisacktal) und Kalk (Unterland) bieten optimale Bedingungen für die jeweiligen Rebsorten, welche gezielt auf die verschiedenen Höhenlagen und Mikroklimata abgestimmt werden.

Im gesamten Südtiroler Weinbaugebiet herrschen ausgesprochen günstige klimatische Verhältnisse mit einem Mittel von 18 Grad Celsius in der Vegetationszeit, 300 Sonnentagen und 2.000 Sonnenstunden vor. Im Folgenden werden die Südtiroler Weinbaugebiete vorgestellt:

Weinberge bei Tramin mit Blick auf die Ortschaft Söll. Das Südtiroler Unterland ist das wichtigste Anbaugebiet des Landes.

Das Südtiroler Unterland

Das Südtiroler Unterland ist mit 1.860 ha das wichtigste Anbaugebiet des Landes. Ein gutes Drittel (36 %) der Südtiroler Weinberge befinden sich in diesem südlichsten Teil des Landes mit seinen berühmten Weindörfern Tramin, Kurtatsch, Kurtinig, Entiklar, Margreid, Salurn, Neumarkt, Montan, Pinzon, Mazon und Auer.

Überetsch

Knapp dahinter liegt das Überetsch, wie man das Gebiet der beiden größten Weingemeinden Südtirols – Eppan und Kaltern – bezeichnet. Rund um die schönen historischen Ortskerne von St. Michael, St. Pauls, Girlan, Frangart, Schreckbichl, Missian, Montiggl, Kaltern mit den Ortsteilen Mitterdorf, St. Anton, Pfuß, St. Nikolaus und St. Josef am See sowie Ober- und Unterplanitzing wachsen 1.700 ha Reben, was 33 % der Südtiroler Weinbaufläche entspricht.

Zusammen nehmen das Unterland und das Überetsch mit 3.560 ha über zwei Drittel der Rebflächen Südtirols ein.

Bozen – mittleres Etschtal

675 ha Weingüter versammeln sich rund um Bozen mit den seit dem Mittelalter hochgeschätzten Gunstlagen in Gries, Moritzing, Guntschna, Zwölfmalgreien, Rentsch und St. Magdalena, St. Justina, Leitach, St. Georg und St. Jakob in Sand sowie Karneid und Kampenn.

335 ha Weinberge mit exzellenten Weinen gibt es im mittleren Etschtal in Siebeneich, Terlan, Andrian, Nals, Sirmian und Prissian. Nicht zufällig sind in diesem (wein-)gesegneten Landstrich 1893 die ersten Kellereigenossenschaften des Landes (Andrian, Terlan) gegründet worden.

Der Vinschgau ist Südtirols kleinstes Anbaugebiet, doch auch rund um Schloss Goldrain wachsen hervorragende Weine.

Meran und Vinschgau

305 ha Reben wachsen im Burggrafenamt rund um die weltbekannte Kurstadt Meran. Die Sonnenhänge über Lana, Tscherms, Marling, Algund, Gratsch, Dorf Tirol, Meran, Schenna und Burgstall liefern nicht nur in den berühmten Weinlagen Gnaid und Küchelberg seit alters berühmte und begehrte Spitzenprodukte.

Das kleinste Weinbaugebiet Südtirols liegt mit 80 ha im unteren Vinschgau. Es erstreckt sich mit seinen manchmal nur kirchdachgroßen Weinäckern von Partschins über Naturns bis nach Kastelbell, Vetzan und Kortsch.

Das Eisacktal ist die Hochburg der Weißweine. Im Bild das Kloster Säben oberhalb von Klausen.

Eisacktal

Nahezu gleich groß wie im Burggrafenamt ist mit 300 ha die Weinbaufläche im Eisacktal, der Hochburg der Südtiroler Weißweine. Die Weine, die an den Talhängen nahe den malerischen Städten Klausen und Brixen in Barbian, Villanders, Feldthurns, im Lajener Ried, Kranebitt, Tschötsch, Elvas, Pinzagen und Neustift gedeihen, zählen zu den besten Italiens.

Rot- und Weißweine

Die Rotweinsorten überwiegen in Bozen (70%) und Meran (63%). Im Überetsch halten sich Rot- und Weißwein in etwa die Waage (44 zu 56%), ebenso im kleinen Weinanbaugebiet des unteren Vinschgaus (49 zu 51%). Im Unterland stehen 67% Weißwein 33% Rotwein gegenüber. Im mittleren Etschtal wachsen 63% Weißwein- und 37% Rotweinreben, im Eisacktal liegt der Weißwein mit 95% einsam an der Spitze.

Die wichtigsten Südtiroler Weine

In Südtirol werden sowohl autochthone, also ursprünglich im Land heimische Sorten angebaut, aber aufgrund der günstigen klimatischen Bedingungen auch viele andere, international bekannte Sorten. Dabei entwickeln auch diese Sorten eine spezielle Südtiroler Note, können bei Vergleichsverkostungen mithalten oder eben durch einen eigenen Charakter überzeugen.

Im Folgenden sollen die wichtigsten Südtiroler Weinsorten kurz beschrieben werden, sowohl deren Charakter als auch zu welchen Speisen sie passen.

Weißweine

Gewürztraminer

Der Gewürztraminer ist eine autochthone Sorte, als deren Heimat das Weindorf Tramin gilt. Obwohl es sich um eine Weißweinsorte handelt, sind die reifen Trauben von blassroter Farbe. Mit seiner goldgelben

Trauben werden nach wie vor händisch geerntet. In Südtirol werden mehr Weißwein- als Rotweinsorten angebaut.

Der Sauvignon blanc wird erst seit etwa 130 Jahre in Südtirol angepflanzt, findet hier jedoch ideale Bedingungen.

Färbung und dem würzigen, körperreichen, nach wilden Rosen duftenden Bukett ist der Gewürztraminer in jeder Hinsicht unverwechselbar. Er eignet sich vorzüglich als Aperitif, man trinkt ihn zu asiatischen Gerichten, gegrilltem Fisch, Krustentieren.

Weißburgunder

Der Weißburgunder wird seit der Mitte des 19. Jahrhunderts in Südtirol angebaut. Er wächst hier vor allem in höheren Hanglagen bis zu 800 m ü. d. M. Der nach Apfel, Birne, Zitrone, Heublumen und Haselnuss duftende Weißwein mit seiner pikanten, aber nie aufdringlichen Säure kann bis zu drei Jahre mit Gewinn gelagert werden. Man trinkt ihn bevorzugt zu leichten Vorspeisen, Fisch oder Knödelgerichten.

Chardonnay

Der Chardonnay wächst in Südtirol in Tal- und unteren Hügellagen auf kalkhaltigen Schotterböden. Er zeichnet sich durch eine feine, ausgewogene Säure und vielfältige Aromen von Ananas, Banane, Apfel, Birne, Zitrusfrüchten, Vanille und Butter aus. Die Farbe spielt von Blassgelb ins Grüngelb. Fisch und Meeresfrüchte, helles Fleisch, Risotto, Käsenocken passen wunderbar zu einem Glas Chardonnay.

Sauvignon

Der Sauvignon gedeiht in Südtirol am besten in mittelhohen Lagen bis zu 600 m ü. d. M. und bevorzugt lockere Kalkschotterböden. Der frischwürzige, rassige, leicht aromatische Wein riecht nach frischem Gras und schmeckt nach Paprika, Holunderblüte, Johannis- und Stachelbeere. Beliebt zu Spargeln, gegrilltem Gemüse, Fisch oder Ziegenkäse.

Pinot Grigio

Der Pinot Grigio, auch Ruländer genannt, ist der in Südtirol am meisten angebaute Weißwein. Er ist ein körperreicher, säurearmer, aber alkoholgradiger Wein, der nach Apfel, Birne und Lindenblüten riecht und nach Nüssen und Honig schmeckt. Typisch ist der kupferfarbene Goldton. Er kann bis zu vier Jahre gelagert werden. Geeignet für kräftige Fischgerichte und Südtiroler Spezialitäten wie etwa Schlutzkrapfen.

Goldmuskateller

Der Goldmuskateller (Gelber Muskateller) ist trocken ausgebaut ein schöner Aperitifwein, süß ausgebaut ist er als Dessertwein beliebt. Mit dem typischen Muskatduft und den feinen Zitrusaromen schmeckt der goldgelbe Tropfen natürlich am besten zu Süßspeisen, aber auch zu reifen Käsesorten.

Müller-Thurgau

Der Schweizer Rebforscher Hermann Müller entwickelte 1882 die nach ihm benannte erfolgreiche Weißweinsorte. In Südtirol gedeiht der Müller-Thurgau zwischen 500 und 1.000 m ü. d. M. Die frischen, aromatischen Weine duften nach Gras und Muskat. Das Hauptanbaugebiet der Rebsorte ist das Eisacktal. Passt sehr gut zu leichten Vorspeisen, gebratenen Süßwasserfischen oder Frischkäse.

Riesling

Der Riesling (Rheinriesling) wird im südlichen Tirol schon seit 120 Jahren hauptsächlich im Unterland, Eisacktal und Vinschgau angebaut und ohne oder mit sehr wenig Restsüße ausgebaut. So entsteht ein rassiger, würziger Spitzenwein, der nach Apfel und Marille duftet und nach Pfirsich schmeckt. Man trinkt ihn zu Meeresfrüchten, Austern, asiatischen Gerichten oder allgemein zu Vorspeisen.

Sylvaner

Der Sylvaner wächst fast nur im Eisacktal um Klausen und Brixen, wo er auf Verwitterungsböden seinen charakteristischen angenehm fruchtigen Geschmack entwickelt. Er riecht nach frischem Heu und Kräutern und hinterlässt im Abgang eine mineralisch-erdige Note, die leicht an Stachelbeeren erinnert. Der kräftige Weißwein eignet sich vorzüglich als Begleiter bei Vorspeisen oder Speck, Spargeln, Fisch.

Kerner

Der Kerner hält kühlere Temperaturen aus und wird deshalb vor allem in höheren Lagen im Eisacktal und im Vinschgau angebaut. Aufgrund der daraus gekelterten gehaltvollen, fruchtig-rassigen Weine hat der bislang nur mäßig angebaute Kerner das Potenzial, sich positiv zu entwickeln. Typisch ist eine leichte Muskatnote. Man trinkt ihn zu Vorspeisen, gegrilltem Fisch, Gemüse-Terrinen.

Südtiroler Sekt

Schon vor dem Ersten Weltkrieg wurde in der „Überetscher Champagner-Kellerei Eppan“ der erste Südtiroler Schaumwein hergestellt, welcher 1911 als „Überetscher Gold“ auf der Bozner Weinkost serviert wurde. Heute werden in Südtirol nach der klassischen Champagnermethode aus Weißburgunder, Chardonnay und Blauburgunder 330.000 Flaschen Sekt im Jahr produziert. Die großen Temperaturunterschiede zwischen Tag und Nacht während der Reifezeit der Trauben und die lange Gärzeit von zwei bis drei Jahren verleihen den Südtiroler Schaumweinen ihre charakteristische frische, prickelnd-zarte, angenehm trockene Note.

Rotweine

Vernatsch

Der Vernatsch ist seit dem 16. Jahrhundert im südlichen Tirol bezeugt. Im 19. und noch weit ins 20. Jahrhundert hinein war der hellrubinrote, süffige, leichte Rotwein „der“ Südtiroler Wein schlechthin. Berühmte Lagen sind das Meraner Land, St. Magdalena bei Bozen und die Weinleiten um den Kalterer See. Charakteristisch ist ein leichter Mandelgeschmack. Spielarten des Vernatsch sind Groß-, Klein-, Edel- und Mittervernatsch sowie Tschaggele-Vernatsch. Der „Trollinger“ in Württemberg und die „schiava“ im Trentino basieren auf aus Südtirol ausgeführten Vernatsch-Reben.

Der Vernatsch passt wunderbar zu allen Vorspeisen, besonders zu Speck, Wurstwaren, Käse, Kalbfleisch, leicht gekühlt aber auch zu Fisch.

Lagrein

Die zweite autochthone Rotweinsorte nach dem Vernatsch ist der Lagrein. Von diesem unterscheidet er sich durch die intensivere, granatrote Farbe, den zarten Veilchengeruch und den samtigen, vollmundigen Geschmack. Er ist kein Zechwein wie der Vernatsch, sondern zählt zu den

Blaue Traube, blaue Schürze, blauer Himmel: Weinernte in St. Michael Eppan.

gehaltvollen Genussweinen. Milder und süffiger ist der Lagrein-Kretzer. Lagrein wird zu Wild, dunklem Fleisch oder Hartkäse getrunken.

Blauburgunder

Der Blauburgunder kam um 1860 in die Meraner Gegend. Die Südtiroler Blauburgunder spielen in Hügellagen ab 400 m ü. d. M. auf kalkhaltigen Schotterböden, wie sie in Montan, Mazon und Pinzon vorkommen, in der obersten Liga der großen Burgunderweine mit. Die körperreichen, vollmundigen Weine duften nach Waldbeeren und schmecken herrlich zu Wild, Wildgeflügel, Milchlamm, Kaninchen, Braten, Hartkäse.

Merlot

Die Merlotrebe bevorzugt tiefe Tallagen bis 350 m ü. d. M. mit lehmhaltigen Böden, wie sie im Etschtal überall vorhanden sind. Der granatrote Wein riecht leicht nach Johannisbeeren und Erde. Charakteristisch ist der körperreiche, aufgrund der reifen Gerbstoffe leicht herbe Geschmack. Merlot ist lang lagerbar. Passt zu Wild, Wildgeflügel, klassischen Fleischgerichten oder Hartkäse.

Cabernet Sauvignon

Ein nobler Verwandter des Merlot ist der Südtiroler Cabernet, ein rassiger, dunkelgranatroter, leicht nach Gras, Johannisbeeren und Pfeffer riechender kräftiger Spitzenwein. Er wächst vorwiegend im Süden des Landes. Der Cabernet gehört zu den langlebigsten Rotweinen Südtirols. Er wird bevorzugt zu Wildgeflügel, Lamm, klassischen Fleischgerichten oder Hartkäse getrunken.

Zweigelt

Die seit 1922 in Österreich angebaute Rotweinrebe, eine Kreuzung zwischen den Sorten St. Laurent und Blaufränkisch, wächst seit etlichen Jahren in etwas erhöhten Südtiroler Lagen, so vor allem im luftigen Vinschgau und im frischen Eisacktal. Der Südtiroler Zweigelt ist von kräftiger rubinroter Farbe und vollmundigem, fruchtigem Geschmack mit leichten Vanillearomen. Er wird auch als Verschnittpartner in Cuvées verwendet. Zweigelt ist ein genussvoller Begleiter für Fleisch- und Wildgerichte, passt auch zu würzigem Käse, Speck, geselchten Würsten und perfekt etwa zu einem Lammbraten.

Vernatsch: Verneigung vor einer alten Sorte

Die wohl älteste in Südtirol angebaute Rebe ist der Vernatsch. Bis vor nicht allzu langer Zeit stellte er den Hauptanteil der Südtiroler Weinproduktion. Mit knapp 15% Anbaufläche steht er immer noch an der Spitze der Südtiroler Rebsorten. Deshalb sei es erlaubt, diesem Südtiroler „Urwein" ein besonderes Porträt zu widmen.

Der Vernatsch ist kein hochgradiger, vollmundiger Wein, der bald „zu tut", also satt macht. Er ist vielmehr ein frischer, fruchtiger, leichter Trinkwein, der die intensive Sonnenbestrahlung des südwärts gewandten Etschtales und die frischen Winde aus den Seitentälern harmonisch in sich vereint und deshalb von alters her als besonders bekömmlich gilt. Wie auf keinen anderen Wein treffen auf den Vernatsch die launigen Verse zu, welche einer der besten Kenner der Südtiroler Weine, Karl Theodor Hoeniger (1881–1970), verfasst hat:

> „Denn wißt: von einem Weinlein gut,
> wo sichtbarlich der Segen ruht
> von Sankt Urban, dem heiligen Vater,
> gibt's keinen Rausch und keinen Kater."

Die Vernatschrebe wird traditionell auf der Pergl gezogen.

Ein „Krügl“ (oder auch zwei) Vernatsch ist der kongeniale Begleiter einer zünftigen „Marende“ mit gereiftem Speck, kräftigem Bergkäse und nach Wacholder duftenden Kaminwurzen (im Kamin geräucherte Hartwürste). Er macht aber auch an jeder Festtafel eine sehr gute Figur, vor allem als eleganter Geschmacksverstärker von Vorspeisen, hellem Fleisch oder Fischgerichten. Denn die Leichtfüßigkeit dieses rubinroten, süffigen Weines sollte nicht darüber hinwegtäuschen, dass es sich um einen echten Naturburschen handelt, der nur deshalb so gelassen und heiter des Weges kommt, weil er einen jahrhundertelangen Veredelungsprozess hinter sich hat. Tatsächlich ist der Vernatsch neben dem Lagrein und dem Gewürztraminer die einzige Rebsorte, die seit mindestens einem halben Jahrtausend in Südtirol zu Hause ist und somit ihrem Namen – Vernatsch kommt vom lateinischen „vernacius“ (heimisch) – alle Ehre macht. Dass in diesem Wein viel mehr steckt, als manche meinen, zeigt das Ergebnis so mancher Blindverkostung, bei der gestandene Weinbeißer einen gehaltvollen Vernatsch als „prächtigen Blauburgunder“ einstuften, wie der Südtiroler Weinfachmann Wolfgang Maier berichtet.

Weingüter und Kellereien

2016 wurden in Südtirol auf 5.400 ha 46,6 Millionen Trauben geerntet und zu 355.000 hl Wein verarbeitet. Die Hälfte davon wird exportiert, die andere Hälfte im Inland abgesetzt.

Die 5.400 ha Weinäcker verteilen sich auf rund **5.000 Weinproduzenten.** Die sehr kleine Betriebsgröße mit durchschnittlich kaum 1 ha begünstigte seit dem Ende des 19. Jahrhunderts die Gründung von Kellereigenossenschaften.

Heute betreuen **12 Kellereigenossenschaften** 70 % der Südtiroler Weinbauern und produzieren 75 % der jährlichen Weinmenge.

Südtiroler Kellereigenossenschaften

Eisacktaler Kellerei	Kellerei Nals Margreid
Kellerei Bozen	Kellerei Schreckbichl
Kellerei Girlan	Kellerei St. Michael-Eppan
Kellerei Kaltern	Kellerei St. Pauls
Kellerei Kurtatsch	Kellerei Terlan
Kellerei Meran	Kellerei Tramin

Ein Viertel der Südtiroler Weinproduzenten ist im Verband **Südtiroler Weingüter** zusammengeschlossen. 5 % bilden die rund hundert **Freien Weinbauern Südtirols.** Neben den Kellereigenossenschaften gibt es noch **35 private Kellereien.** Insgesamt sind rund 10.000 Südtirolerinnen und Südtiroler im Weinbau und in der Weinwirtschaft tätig.

Der Südtiroler Wein erlebt seit dem Beginn der 1980er-Jahre einen **großen Aufschwung.** Weitblickende Genossenschaftsobmänner und mutige Kellermeister leiteten damals eine radikale Verringerung der Produktionsmenge ein und richteten all ihre Kräfte auf die Erzeugung von Qualitätsweinen aus. Die großartigen Erfolge, welche die Südtiroler Weine bereits seit einer Reihe von Jahren auf nationaler wie internationaler Ebene erzielen, geben ihnen recht.

Top of Südtiroler Wein

Südtiroler Weine finden sich jedes Jahr auf Spitzenrängen der wichtigsten Weinmagazine Italiens, aber auch international. In der Folge soll ein Einblick in das Jahr **2018** gewährt werden. Die Erfahrung hat gezeigt, dass bereits in den vergangenen Jahren die Spitzenpositionen meist von denselben Produzenten besetzt wurden. Trotzdem seien alle Liebhaber guter Südtiroler Tropfen eingeladen, selbst in den aktuellen Ausgaben zu stöbern.

Wie jedes Jahr wurden auch 2018 die besten Weine Italiens von den renommierten italienischen Weinführern **Gambero Rosso, Slow Wine, Bibenda, I Vini d'Italia, Vitae, Veronelli, Vinibuoni** und **Doctor Wine** ausgewählt. Dabei gab es **187 Auszeichnungen für 133 Südtiroler Weine**!

35 Weine wurden mit „Quattro Viti" von Vitae ausgezeichnet, 31 mit „Faccini" von Doctor Wine, 29 mit „Cinque Grappoli" von Bibenda, 26 erhielten eine Auszeichnung von „Grandi Vini/Vini Slow" von Slow Wine, 25 wurden mit „Tre Bicchieri" von Gambero Rosso gekürt, 19 mit „Super Tre Stelle" von Veronelli, 17 mit „Corone" von Vinibuoni und 5 mit „Cinque Bottiglie" von L'Espresso.

Die sieben besten Südtiroler Weine, die von **vier Weinführern** prämiert wurden:

- Vinschgau Riesling Windbichel 2016 – Weingut Unterortl, Castel Juval, Kastelbell
- Terlaner I Grande Cuvée 2015 – Kellerei Terlan
- Terlaner Weißburgunder Rarity 2005 – Kellerei Terlan
- Gewürztraminer Nussbaumer 2016 – Kellerei Tramin
- Gewürztraminer Spätlese Epokale 2010 – Kellerei Tramin
- Gewürztraminer Spätlese Terminum 2015 – Kellerei Tramin
- Müller-Thurgau Feldmarschall von Fenner 2016 – Schlosskellerei Turmhof, Kurtatsch

Es handelt sich bei diesen sieben absoluten Spitzenweinen ausschließlich um **Weißweine**.

Die **fünf Weine**, die von **drei Weinführern** prämiert wurden, setzen sich aus drei Weiß- und zwei Rotweinen zusammen:

Weiß

- Appius 2013 – Kellerei St. Michael-Eppan
- Sauvignon The Wine Collection 2015 – Kellerei St. Michael-Eppan
- Gewürztraminer Vigna Kastelaz 2017 – Elena Walch, Tramin

Rot

- Lagrein Riserva Taber 2016 – Kellerei Bozen
- Vinschgau Riesling 2016 – Weingut Falkenstein, Naturns

Weitere **23 Südtiroler Weine** wurden von **zwei Weinführern** ausgezeichnet, davon 17 Weißweine und 7 Rotweine:

Weiß

- Gewürztraminer Spätlese Pasithea Oro 2016 – Kellerei Girlan
- Weißburgunder Riserva Renaissance 2015 – Gumphof, Völs am Schlern
- Weinberg Dolomiten Cuvèe Manna – Weingut Franz Haas, Montan
- Weißburgunder Quintessenz 2016 – Kellerei Kaltern
- Sekt Extra Brut Riserva 1919 2012 – Kettmeir, Kaltern
- Gewürztraminer Riserva Brenntal 2016 – Kellerei Kurtatsch
- Sekt Pas Dosé Comitissa Riserva 2013 – Sektkellerei Lorenz Martini, Girlan
- Weißburgunder Sirmian 2017 – Kellerei Nals Margreid
- Weißburgunder Riserva Klaser 2015 – Weingut Niklas, Kaltern
- Eisacktaler Sylvaner Alte Reben 2016 – Weingut Pacherhof, Vahrn
- Chardonnay Lafóa 2016 – Kellerei Schreckbichl
- Eisacktal Riesling 2017 – Strasserhof, Vahrn
- Terlaner Cuvèe Riserva Nova Domus 2015 – Kellerei Terlan
- Terlaner Sauvignon Quarz 2016 – Kellerei Terlan
- Terlaner Weißburgunder Riserva Vorberg 2015 – Kellerei Terlan
- Gewürztraminer Auratus 2017 – Weingut Ritterhof, Kaltern

Rot

- Lagrein Riserva Mirell 2015 – Ansitz Waldgries, Bozen
- Lagrein Riserva Tor di Lupo 2015 – Kellerei Andrian
- Blauburgunder Riserva Mazon Vigna Ganger 2015 – Kellerei Girlan
- Lagrein Riserva Segen – Kellerei Meran
- Cabernet Sauvignon Lafóa 2015 – Kellerei Schreckbichl

- Lagrein Riserva Porphyr 2015 – Kellerei Terlan
- St. Magdalener classico Hueb 2016 – Untermoserhof, Bozen

98 Südtiroler Weine bzw. Winzer erhielten von **einem Weinführer** eine Auszeichnung.

Rating der Südtiroler Kellereien

Als erfolgreichste Kellerei geht aus den Bewertungen der italienischen Weinpäpste 2018 einmal mehr die **Kellereigenossenschaft Terlan** hervor. Ihre Weine wurden 17 Mal ausgezeichnet.

An zweiter Stelle liegt die **Kellereigenossenschaft Tramin** mit 13 Prämierungen, gefolgt von der **Kellereigenossenschaft St. Michael-Eppan** mit 10 Auszeichnungen.

Die renommiertesten italienischen Weinführer

Wer ist drin? Wie wurden die Weine bewertet? Produzenten, Touristiker, aber vor allem die Weinliebhaber warten jährlich gespannt auf die Neuausgabe der wichtigsten Weinführer Italiens. Hier eine Liste, geordnet nach der Bedeutung des jeweiligen Führers.

Gambero Rosso

Im Weinführer „Gambero Rosso“ des gleichnamigen Gastronomieverlages werden 20.000 Weine von 2.300 Produzenten vorgestellt. Es werden bis zu drei „Bicchieri“ (Gläser) vergeben.

I Vini d’Italia

Der Weinführer „I Vini d’Italia“, herausgegeben von der Verlagsgruppe „L’Espresso“, prämiert Top-Produkte des Weinbaues mit der Höchstauszeichnung „Cinque Bottiglie“ (Fünf Flaschen).

Veronelli

Der Weinkulturverein „Seminario Permanente Luigi Veronelli“ prämiert in dem von ihm herausgegebenen Weinführer „I Vini di Veronelli“ die Weine mit der Höchstauszeichnung „Super Tre Stelle“ (3 Sterne).

Bibenda

Die Stiftung italienischer Sommeliers zeichnet für den „Bibenda“-Weinführer verantwortlich, der für die prämierten Weine bis zu „Cinque Grappoli“ (Fünf Weintrauben) vergibt.

Vinibuoni

Dieser vom italienischen Automobil Touring Club Italiano herausgegebene Weinführer bewertet mit „Le corone“ (Kronen) nur autochthone Weine.

Slow Wine

Der „Slow Wine"-Weinführer bewertet das Preis-Genuss-Leistungs-Verhältnis von Weinen nach der Philosophie von „Slow Food" in drei Qualitätsstufen: Vino slow, Grandi vini, Vini quotidiani.

Sparkle

Der Verlag der renommierten Zeitschrift „Cucina & Vini" (Küche und Wein) gibt jährlich den Führer „Sparkle" heraus, der ausschließlich italienische Schaumweine auszeichnet.

Doctor Wine

Hierbei handelt es sich um eine Online-Zeitschrift des Weinkritikers Daniele Cernilli, welcher zusammen mit einem Redaktionsteam jährlich das Buch „Guida Essenziale ai Vini d'Italia" herausgibt und die darin vorgestellten besten Weine mit „Faccini" prämiert.

Vitae

Die Vereinigung der italienischen Sommeliers (Associazione Italiana Sommelier, AIS) bewertet in ihrem Weinführer „Vitae" über 15.000 Weine, die Bestnote sind „Quattro Viti" (4 Reben).

Südtiroler Weine im „Falstaff Weinguide" 2018

Die hervorragende Bewertung der Südtiroler Weine durch die maßgeblichen nationalen Weinführer findet ihre Bestätigung auch auf internationaler Ebene. Das renommierte Weinjournal für den deutschsprachigen Raum „Falstaff" prüfte den Jahrgang 2017 von 330 Weinen von 55 Südtiroler Weingütern.

93 von 100 möglichen Punkten erhielten der Sauvignon Myra des Weingutes Ansitz Waldgries, der Eisacktaler Grüne Veltliner vom Weingut Ebner, der Weißburgunder Sirmian und der Pinot Grigio Punggl der Kellereigenossenschaft Nals Margreid, der Kalterersee Auslese Classico Superiore Bischofsleiten vom Castel Sallegg und der Südtiroler Gewürztraminer Vigna Kastelaz von Elena Walch. Hervorragende **92 Punkte** vergab „falstaff" für den St. Magdalener Classico Antheos vom Weingut

Ansitz Waldgries, den St. Magdalener Classico vom Pfannenstielhof, den Sauvignon Blanc Mantele der Kellereigenossenschaft Nals Margreid, den Vernatsch des Weingutes Donà, den Chardonnay Arvum vom Weingut Pfitscher und den Gewürztraminer Auratus vom Weingut Ritterhof. **91 Punkte** gingen an die Stiftskellerei Neustift für den Eisacktaler Kerner Praepositus, an den Ansitz Waldgries für den St. Magdalener Classico, das Weingut Ebner für den Weißburgunder und den Eisacktaler Gewürztraminer, an die Kellereigenossenschaft Bozen für den Weißburgunder Dellago, an das Weingut Donà für den Terlaner Chardonnay, an die Kellereigenossenschaft St. Michael-Eppan für den Sauvignon Sanct Valentin und den Gewürztraminer Sanct Valentin und an die Kellereigenossenschaft Kaltern für den Kalterersee Classico Superiore Quintessenz.

Wein und Architektur

Wein ist ein sinnliches Erlebnis. Dem entspricht auch immer mehr die Architektur der Weinkellereien und einzelner Winzer.

Der 2018 fertiggestellte Neubau der Kellerei Bozen mit seiner halbtransparenten, stilisierte Weinblätter darstellenden Fassade ist tagsüber und durch die Beleuchtung auch nachts ein architektonischer Blickfang (1).

Ebenso markant ist der Neubau der Kellerei Kaltern (2), eingeweiht im Frühjahr 2019.

Der verglaste Pavillon der Kellerei Meran (3) im Obergeschoss des historischen Gebäudes erlaubt Besuchern traumhafte Blicke auf die Weinberge im Meraner Becken.

Wie zwei Arme, die in Form und Farbe an Reben erinnern, greifen die Vinothek und der Verkostungsraum der Kellerei Tramin in die Landschaft (4).

Eichenholz, Porphyrgestein und Sichtbeton sind die prägenden Materialien, die bei der Nals Margreid (5) den historischen Bestand mit den neuen Gebäuden verbinden.

Doch auch im Innenbereich dominiert die moderne Architektur, wie etwa beim Verkostungsraum des Weingutes Pfitscher (6), bei den Verkaufsräumen des Winecenters Kaltern (7) oder den Kellerschauräumen der Eisacktaler Kellerei (8).

(2)

(4)

(1)

(3)

(6)

(8)

gegen Ende des Jahrzehnts leiteten einzelne Kellereien eine **grundlegende Trendwende** im Südtiroler Weinbau ein. Pioniere dieser bis heute anhaltenden Qualitätsoffensive waren neben vielen anderen die Weingutsbesitzer und Kellermeister Alois Lageder, Luis Raifer, Alois von Dellemann, Herbert Tiefenbrunner und Sebastian Stocker. Heute zählen die Kellermeister Südtirols weit über die Landesgrenzen hinaus zu den besten ihres Faches. Der Kellermeister der Kellerei St. Michael-Eppan Hans Terzer, der seit 1991 dem Verband der Kellermeister Südtirols mit seinen 90 Mitgliedern vorsteht, erhielt 2017 den renommierten „Feinschmecker-Wine-Award für das Lebenswerk". Willi Stürz von der Kellereigenossenschaft Tramin wurde vom Gambero Rosso zum **„Besten Kellermeister Italiens** 2004" gewählt. Die Entwicklung, welche der Südtiroler Wein dank des Mutes vieler Genossenschaftsobmänner und Weinproduzenten und der hohen fachlichen Kompetenz der Südtiroler Kellermeister zurücklegen konnte, kommentiert die „Frankfurter Allgemeine Zeitung" 2018 wie folgt: „Was für eine Leistung! Die Südtiroler haben in den letzten zwanzig Jahren den weiten Weg vom Massenweinproduzenten hin zum Paradies für erlesene Spitzenweine geschafft."

Woran erkennt man Südtiroler Qualitätsweine?

Die wichtigste Information für den Käufer liefert das Etikett auf der Weinflasche. **94 % der Südtiroler Weine** führen am Etikett die Bezeichnung **„DOC"**. Diese Buchstaben sind die italienische Abkürzung für „kontrollierte Ursprungsbezeichnung". Dies entspricht dem deutschen Q.b.A., Qualitätswein bestimmter Anbaugebiete. Damit ist sichergestellt, dass die Trauben des betreffenden Weines auch ausschließlich aus dem angegebenen Gebiet stammen. Gerade für Südtirol war diese Unterschutzstellung seiner Qualitätsweine von bahnbrechender Bedeutung: Allzu lange wurde im In- und Ausland mit „falschen" Lagen- und Sortenbezeichnungen Schindluder getrieben. So waren „Kalterersee"-Weine im Umlauf, deren Trauben den wärmsten Badesee der Alpen nicht mal mit dem Teleskop gesehen hatten, sofern diese Getränke überhaupt aus Trauben hergestellt wurden. Mit 94 % DOC-Weinen aus kontrollierten Ursprungsgebieten steht Südtirol heute mit Abstand an der

Spitze aller Weinregionen Italiens. Südtirol verfügt über **acht kontrollierte Ursprungsbezeichnungen**: Südtirol (3.915 ha – 75,4 %), Kalterersee (398 ha – 7,7 %), Südtiroler Eisacktaler (316 ha – 6,1 %), Südtiroler St. Magdalener (224 ha – 4,3 %), Südtiroler Terlaner (174 ha – 3,4 %), Südtiroler Meraner (122 ha – 2,3 %), Südtiroler Vinschgauer (38 ha – 0,7 %) und Südtiroler Bozner Leiten (5 ha – 0,1 %). Der Zusatz **„Riserva"** darf nur für Weine verwendet werden, die mindestens zwei Jahre gelagert wurden. Sie zeichnen sich durch eine gehobene Qualität aus. Das italienische Wort **„Classico"** kennzeichnet den Wein eines bestimmten Gebietes innerhalb eines größeren DOC-Gebietes. Weitere Angaben auf dem Weinetikett geben Auskunft über den Hersteller bzw. Abfüller des betreffenden Weines, den Jahrgang, in dem die Trauben geerntet wurden, die Rebsorte, den Herkunftsort des Weines und den Alkoholgehalt. Seit 2006 muss weiters angegeben werden, wenn der Wein bei der Herstellung geschwefelt wurde. Gute Weine kann man in Südtirol überall kaufen. In jedem Dorfladen und Supermarkt wird eine breite Auswahl an Weinen angeboten. Auskunft über die Qualität liefern wie erwähnt das Etikett und natürlich auch der Preis. Gute Südtiroler Weine müssen durchaus keine astronomischen Preise kosten, aber die Flasche um 2,90 Euro sollte man besser im Regal stehen lassen. Natürlich bieten Weinfachgeschäfte oder der Besuch einer Kellerei bzw. eines Weinproduzenten – womöglich mit einer **Kellerführung und Weinverkostung** – die beste Gewähr, den besten Wein zu bekommen. Zudem ist beim Weinkauf auch auf die **Lagerfähigkeit** des jeweiligen Tropfens zu achten. Die meisten Südtiroler Weine sollten innerhalb von ein bis zwei Jahren getrunken werden. Dies gilt für die meisten Weißweine und alle Kretzer- und Vernatsch-Weine. Länger als zwei Jahre, teilweise sogar bis zu fünf Jahren mit Gewinn lagerfähig sind Blauburgunder, Lagrein, Merlot, Cabernet und Rosenmuskateller.

Südtiroler Gemeinden und Rebflächen 2018

Eppan	930 ha	Klausen	42 ha
Kaltern	727 ha	Villanders	42 ha
Bozen	515 ha	Algund	41 ha
Salurn	450 ha	Leifers	34 ha
Tramin	318 ha	Tscherms	34 ha
Kurtatsch	310 ha	Marling	32 ha
Margreid	166 ha	Kastelbell-Tschars	30 ha
Montan	165 ha	Völs	28 ha
Terlan	155 ha	Branzoll	23 ha
Ritten	143 ha	Karneid	23 ha
Neumarkt	113 ha	Jenesien	22 ha
Dorf Tirol	105 ha	Schenna	22 ha
Kurtinig	82 ha	Natz-Schabs	16 ha
Brixen	77 ha	Barbian	15 ha
Meran	77 ha	Tisens	13 ha
Vahrn	76 ha	Partschins	12 ha
Pfatten	75 ha	Schlanders	10 ha
Lana	59 ha	Burgstall	10 ha
Auer	53 ha	Sarntal	9 ha
Feldthurns	50 ha	Lajen	9 ha
Naturns	47 ha	Riffian	5 ha
Nals	47 ha	St. Pankraz	5 ha
Andrian	45 ha	Gargazon	4,5 ha

Folgende Doppelseite: Südtiroler Wein mundet auch in den Bergen, hier mit Blick auf den Rosengarten im Hintergrund.

WWW: Wichtige (Südtiroler) Wein-Wörter

Jede Wissenschaft verfügt über eine eigene Fachsprache. Auch wenn beim Wein der Genuss im Vordergrund stehen soll, kommt man um ein paar Begrifflichkeiten nicht herum. Vor allem zeigt sich aber gerade in der Sprache, in unserem Fall dem Südtiroler Dialekt, wie tief verwurzelt die Weinbaukultur im Lande ist. So liest sich die folgende Sammlung der wichtigsten Wein-Wörter wie eine knappe Einführung ins Thema Wein und dessen Geschichte. Sie dient darüber hinaus aber vor allem zum Nachschlagen immer wiederkehrender Begriffe.

abfüllen
Der neue Wein wird vom Fass in die Flasche gefüllt.

Abgang
Nachgeschmack des Weines im Mund bzw. Gaumen. Je länger der Abgang, desto komplexer der Wein.

adstringierend
Zusammenziehende Wirkung eines tanninhaltigen Weines am Gaumen. Die sensorische Wirkung entspricht jener einer unreifen Kaki oder anderer unreifer Früchte.

Alkoholgrade
Auf dem Etikett der Weinflasche wird der Alkoholgehalt des betreffenden Weines angegeben, z. B. 12,5 % vol. Die Maßeinheit „vol." steht für Volumenprozent, womit der prozentuelle Anteil von Alkohol bezogen auf die Gesamtinhaltsmenge definiert ist. Die Südtiroler Weine weisen in der Regel zwischen 12,5 und 14,5 % vol. auf.

Amerikanische Unterlage
Amerikanische Reben, die wegen ihrer Widerstandsfähigkeit gegen die Reblaus ab der Mitte des 19. Jahrhunderts im südlichen Tirol eingeführt wurden. Sämtliche Südtiroler Reben mussten nach und nach auf diese Unterlagsreben veredelt werden.

Ampelographie
Wissenschaftlicher Name für die Rebsortenkunde.

Ansetz

In Südtirol ein ebenerdiger Raum am Weinhof, wo die Gärfässer aufgestellt wurden.

Augen

Knospen der Reben, aus denen sich im Frühjahr die Sommertriebe entwickeln.

Ausdünnen

Entfernen der überflüssigen Zweige der Rebe, um die Qualität der Trauben zu steigern.

Südtiroler Weine sind wunderbare Begleiter zu vielen Speisen, Rotwein passt vor allem zu dunklem Fleisch.

Tradition ganz modern: In Eichenfässern werden vor allem Rotweine ausgebaut. Hier der Blick in den Barrique-Keller der Kellerei Kaltern.

Barrique

Holzfass von 225 l Inhalt, in dem hochwertige Weiß- und Rotweine ausgebaut werden. Meist aus engporigem französischem Eichenholz, das dem Wein einen Vanilleton hinzufügt.

biegen und binden

Sobald im Frühjahr in den Reben der Saft zu fließen anfängt, beginnt das sogenannte Rebbinden. Dabei werden die Reben an das Drahtgerüst gebunden. Früher wurden dafür Weidenruten verwendet.

Biodynamischer Anbau

Spezielle Form des Bioanbaues, dem die Lehre des Anthroposophen Rudolf Steiner (1861–1925) zugrunde liegt. Der Weinberg wird als lebendiger Organismus definiert und so gepflegt, dass er sich selbst erhält. International erfolgreiche Südtiroler Weinbetriebe in diesem Sektor sind Alois Lageder, das Weingut Manincor und Loacker Wine Estates.

Blatterle
Alte weiße Rebsorte, Mutation des Gelben Muskatellers; früher in Südtirol wegen der hohen Erträge sehr beliebt, heute so gut wie ausgestorben.

Blauburgunder
Auch Spätburgunder oder Pinot Nero genannt.

Blume
Duftnoten des Weines, die ähnlich einem Blumenstrauß aus den einzelnen Aromen der verwendeten Trauben eine Gesamtheit bilden. Die Aromen reichen von Blumen wie Rose oder Veilchen sowie Früchten wie Ananas, Kirsche oder Pflaume bis hin zu anderen Düften wie Lakritze, Schokolade, Trüffel oder auch Leder, Rauch und Tabak.

Boscarolli
Friedrich (1866–1908); Besitzer von Schloss Rametz, der in seinen Weinbergen den Drahtrahmenbau und die Blauburgunderrebe einführte.

Botrytis (cinerea)
Als Edelfäule erwünscht, weil sie das Wasser in den Beeren verdunsten lässt und so die Zuckerkonzentration erhöht. Als Graufäule bei dünnschaligen Beeren jedoch gefährlich, weil sie das Gewebe zerstört.

Braschlet
Auch Praschgl oder Praschglet; mundartlich für Traubenmaische. Vermutlich leitet sich der Begriff vom altdeutschen „brestan“ (bersten, zerbrechen, zermalmen) ab.

Brater
Alte heimische Rebsorte.

Bukett (auch Bouquet)
Charakteristische Duftnoten eines Weines im Glas, die seine Blume und somit ein wichtiges Kriterium bei der Qualitätsbeurteilung bilden.

Im biodynamischen Weinbau werden alte Reben sehr geschätzt. Der Weinberg wird dabei als lebendiger Organismus gesehen.

Burggrafenamt
Gemeinden rund um Meran im Etschtal von Schnals bis Nals einschließlich der Seitentäler Passeier und Ulten; einst der Amtsbezirk des Burggrafen auf Schloss Tirol.

Buschen(schank)
Südtiroler Weinhöfe, die bis zu sechs Monate im Jahr Eigenbauweine und vorwiegend selbsterzeugte bäuerliche Gerichte servieren können. Der Name kommt von einem Zweig (mundartlich „Buschen“), der über der Haustüre angebracht wurde bzw. wird.

Cabernet
Aus Frankreich importierte Rebe, als Cabernet Sauvignon inzwischen weit verbreitet.

Comini
Ludwig von (1814–1869): Der Agronom besaß ein Weingut in Bozen und propagierte bei den Bauern erfolgreich den Einsatz von Schwefel gegen die verheerenden Schäden durch den Mehltau (Oidium), deshalb „Schwefelapostel“ genannt.

Cuvée
Verschnitt aus zwei oder mehreren Weinen.

dekantieren
Umschütten des Weines in eigene Behälter, um ihm vor dem Genuss mehr Sauerstoff zu geben.

Depot
Auch Satz; am Flaschenboden abgelagerte Trübstoffe des Weines.

DOC
Qualitätsmerkmal am Flaschenetikett, italienisch „Denominazione di Origine Controllata" (kontrollierte Ursprungsbezeichnung). Der Hinweis garantiert die Herkunft des Weines aus dem angegebenen Gebiet.

Drahtrahmen
Moderne Rankhilfe für Reben, auch Guyot-Erziehung genannt; besteht aus horizontal angeordneten Drähten, an denen die Triebe jedes Jahr aufgebunden werden.

Edelschwarze
Einst verbreitete heimische rote Rebsorte; in Meran auch „Salzen", im Eisacktal „Schwarze Hottler" und im Trentino „Negrara" genannt.

Edelstahltank
Behälter zum Vergären des Mostes und Ausbau des Weines, meist mit Möglichkeiten zur Temperaturkontrolle versehen.

Egetmann
Alle zwei Jahre stattfindender Fastnachtsbrauch im Weindorf Tramin, die bekannteste einschlägige Veranstaltung in Südtirol.

Eismander (Eismänner)
Südtiroler Name der sogenannten Eisheiligen Pankratius, Servatius und Bonifatius (12.–14. Mai). Diese Zeit ist wegen möglicher Frostnächte gefürchtet.

Erdbeertraube
Im 19. Jahrhundert aus Amerika eingeführte rote Rebsorte, aus der auch Wein hergestellt werden kann.

Essig
Entsteht durch Bakterien, die den Alkohol in Essigsäuren oxidieren; Weinessig enthält zahlreiche gesundheitsfördernde Wirkstoffe. Als Essigmutter bezeichnet man den Bodensatz. Essigstich, also unangenehm saurer Geschmack, ist im Wein unerwünscht.

Etikett
Seit 1805 zur Beschreibung und Kennzeichnung der Weine verwendet.

Fass
Holzgefäß zur Aufbewahrung des Weines, in Südtirol nachweislich bereits vor Christi Geburt verwendet im Gegensatz zur römischen Welt, wo man den Wein in Tongefäßen aufbewahrte.

Feler
Mundartlich für Weidenbaum/-strauch, der die „Felerbänder" zum Rebenbinden lieferte.

firmen
Damit bezeichnet man das Zurechtschneiden der Rebzweige.

Flächenmaße
Früher im Weinbau verwendete Flächenmaße: 1 Fuß = 0, 34 m^2, 1 Manngraber Weinbau (also so viel wie ein Mann an einem Tag umgraben kann) = 5.500 m^2, 1 Star Land = 680–720 m^2, 1 Graber = 287 m^2, 1 Klafter = 3,6 m^2, 1 Jauch = 1805 m^2.

Fraueler
Alte, im Vinschgau früher weit verbreitete Rebsorte, die leichte, säurehaltige Weißweine ergibt.

frizzante
Italienisch für „perlend“ im Gegensatz zu „schäumend“ (italienisch: spumante).

fuchset
Mundartlich für nicht richtig ausgereifte rote Trauben.

Furner Hottler
Alte heimische Rotweinsorte im Eisacktal.

Fürtig
Fürtuch, mundartlich für Schürze, wie sie die Bauern tragen; früher in weißer, seit etwa 1900 in blauer Farbe.

Gärung
Bakterielle Zersetzung, bei der die harte Apfelsäure in die weichere Milchsäure verwandelt wird. Bei Rotweinen unumgänglich, teilweise auch bei barriquevergorenen Weißweinen sinnvoll.

Gossen
Raupen des Traubenwicklers.

Grauvernatsch
Italienisch „Schiava Grigia“; Spielart der Vernatsch-Rebe, weist kleine, kernlose, sehr süße Beeren auf.

Gschlafene
Alte Rotweinsorte, die angeblich aus Slawonien stammen soll; als Weingut „sclaf“ schon 1320 in Ackpfeif bei Lana bezeugt.

GU
„Geschützte Ursprungsbezeichnung“ – Erzeugung, Verarbeitung und Herstellung eines Erzeugnisses in einem bestimmten geografischen Gebiet nach einem anerkannten und festgelegten Verfahren. In italienischer Sprache: „Denominazione Origine Protetta“ (DOP), gleichzusetzen mit „Denominazione di Origine Controllata“ (DOC).

Auch in Südtirol setzt sich zunehmend die aus Frankreich kommende Guyot-Erziehung durch, hier eine Anlage im Südtiroler Unterland.

Guyot

Niedriges Erziehungssystem, bei dem die Triebe auf einem horizontal gespannten Drahtrahmen ranken, benannt nach dem französischen Arzt Jules Guyot. In Südtirol früher auch „Steckelebau“ genannt.

Härtling

Großbeerige weiße und rote Tafeltrauben, alte Rebsorte.

Herrgottskinder

Übername der Bürger des Weindorfes Kaltern, weil einer Legende nach Jesus dort das Bürgerrecht besaß.

Heunische

Alte, in Südtirol schon um 1500 erwähnte Rebsorte.

Höhenlage

In Südtirol liegt die Obergrenze des Weinbaues allgemein bei 900 m ü. d. M., doch gibt es einzelne Weinlagen, z. B. am Fennberg oberhalb von Margreid oder beim Kloster Marienberg im Vinschgau, die zwischen 1.000 und 1.400 m hoch liegen.

Hohlmaße

Früher im Weinbau verwendete Hohlmaße:
1 Weinfuder = 8 Yhrn = 631 l;
1 Yhrn = 2 Lageln = 12 Pazeiden = 48 Maß = 78–83 l;
1 Pazeide = 6,6 l;
1 Maß = 1,1 l;
1 Wiener Maß = 1,4 l.

Höpfwein

Früherer Name des Kretzers, bei dem der Saft aus den Trauben vergoren wird. 1610 führt der Arzt Hippolyt Guarinoni einen regelrechten Feldzug gegen den seiner Meinung nach gesundheitsschädlichen Höpfwein.

Huber

Johann, Völkl-Bauer in Elvas (1845–1913); führte in der Brixner Gegend die Weißweinreben Sylvaner, Ruländer und Gewürztraminer ein, was zu einem großen Aufschwung des Weinbaues führte.

Ignaziwasser

Geweihtes Wasser zum Besprengen der Reben gegen Mehltau, Peronospora, Gossen und Erdflöhe. Wird heutzutage nicht mehr zur Schädlingsbekämpfung verwendet, obwohl ein alter Bauer meinte: „Hilft's nichts, schadet's nichts."

IGT

„Indicazione Geografica Tipica": seit 1995 geltende Bezeichnung für Landweine.

Johanniswein

Wein, der am Namensfest des Evangelisten Johannes (27.12.) in der Kirche geweiht wird. Von ihm goss man ein wenig in die Fässer, um deren Inhalt zu schützen.

Kaminwurzen

Geräucherte Hartwürste, wichtiger Bestandteil einer Marende.

Im Bild ein lockerbeeriger Klon des Sauvignon blanc, der entwickelt wurde, um die Krankheitsanfälligkeit zu reduzieren.

Kastanien

Die Edelkastanien sind in Südtirol auf das Engste mit der Weinrebe und dem Wein verbunden. Sie lieferten bzw. liefern das haltbare Holz für die Stützgerüste, die gebratenen „Köschtn", Köstn" oder „Keschtn" (je nach dialektaler Färbung) waren jahrhundertelang ein Grundnahrungsmittel.

Keller

Unterirdischer Aufbewahrungsraum, der winters wie sommers konstant 7–11 °C für Weißweine und 10–14 °C für Rotweine aufweisen soll.

Kellner

So wird in alten Urkunden der oberste Verwalter der landwirtschaftlichen Einkünfte des Tiroler Landesfürsten bezeichnet. Er war der Herr über die (Wein-)Keller. Heute wird der Begriff anders verwendet.

Klon

Durch Aufpfropfen eines Schösslings vermehrte Rebsorte. Der Ausdruck wird oft für eine bestimme Mutation einer Rebsorte mit bestimmten Eigenschaften verwendet.

Klosterneuburg

1114 gegründetes Augustiner Chorherrenstift bei Wien, das eng mit dem Kloster Neustift bei Brixen verbunden war. 1860 wurde im Stift Klosterneuburg eine Weinbauschule errichtet, an der auch Südtiroler studierten. Die Klosterneuburger Mostwaage gibt den Zuckergehalt des Mostes an.

Korbinian

Erster Bischof von Freising (675–725), „schmückte" um 720 sein Landgut Kuens bei Meran mit Äpfeln und Reben.

Kork

Aus der Rinde der Korkeiche hergestellter Verschluss für die ab dem 15. Jahrhundert bezeugten gläsernen Weinflaschen. Am Geruch des Korkens kann man erkennen, ob der Wein „sauber" ist.

Kretzer

In Südtirol gebräuchlicher Name für die Weinbereitung aus roten Trauben nach dem für weiße Trauben üblichen Verfahren, wonach die Beeren ohne Schale vergoren werden. Der bekannteste so erzeugte Roséwein ist der Lagrein Kretzer.

Kurtraube

Als Meraner Kurtraube bezeichnet man seit dem 19. Jahrhundert die sehr schmackhaften Vernatsch-Trauben. Sie wurden von den Ärzten in den noblen Grandhotels der k. k. Kurstadt für eigene Traubenkuren verschrieben.

Lagenweine

Weine, die nicht nach ihrer Rebsorte, sondern nach der Ortslage benannt sind. Berühmte Südtiroler Lagenweine sind u. a. Kalterersee, St. Magdalener und Küchelberger.

Lagreinschädel

Boshafte Bezeichnung für eine auffallende Rotfärbung im Gesicht. „Du, Franz“, meinte ein Zechbruder zu seinem Kollegen, als während des Ersten Weltkrieges Kupfergeschirr für Kriegszwecke eingesammelt wurde, „jetzt magst aufpassen, dass sie nicht auch deine Nase holen.“ „Wenn sie mir das bezahlen, was sie mich gekostet hat, können sie sie haben“, war die schlagfertige Antwort.

Laimburg

Örtlichkeit im Südtiroler Unterland, nach der die dort befindliche Obst- und Weinbauschule und das angeschlossene land- und forstwirtschaftliche Versuchszentrum des Landes Südtirol benannt sind. Die Laimburg ist Kaderschmiede und Innovationszentrum für den Südtiroler Weinbau.

Leger

Hefeartige Bestandteile, die sich bei der Nachgärung des Weines am Boden ansetzen.

Der Weinpionier Edmund Mach war der erste Direktor der 1874 in San Michele all'Adige gegründeten Weinbaufachschule.

Leps

Mundartlich für einen sehr leichten Wein (ca. 5 % vol. Alkohol), der durch Aufschütten von Wasser auf die im Stander zurückgebliebenen Trester erzeugt wird, die Gärung wird durch die Beigabe von Zucker erzielt. Früher Alltagsgetränk auf dem Weinhof.

Mach

Edmund (1846–1901); Direktor der Weinbaufachschule San Michele all'Adige, Pionier der modernen Weinbau- und Kellerwirtschaft.

Magnusstab

Reisestab des heiligen Magnus, mit dem in Südtirol im 18. Jahrhundert mancherorts Weinberge gesegnet wurden, um sie vor Ungeziefer zu schützen.

Maische

Gemisch aus Traubenkernen, Schalen und Most, nachdem die gerebelten Trauben gemahlen und zerdrückt wurden.

Marend(e)

Nachmittagsjause, von lat. „merenda" (Vesperbrot); neben hartem Brot und Speck gehört ein Krug Wein zur Marende. Die dazugehörige Verbform lautet „marenden".

Mazeration
Phase der Extraktion von Farbe, Gerbsäuren und Aromastoffen während der Maischegärung.

Mehltau
Eine durch den Pilz Oidium tuckeri hervorgerufene Rebenkrankheit, die 1845 aus den USA nach Europa kam und verheerende Schäden auch im Südtiroler Weinbau verursachte.

Nährwert
1 Liter Wein zu 12,5 % vol. Alkohol beinhaltet ca. 700 Kalorien. Der „Weinpapst“ Karl Theodor Hoeniger schrieb in seiner bis heute hochgeschätzten „Südtiroler Weinfibel“: „Mäßiger Weingenuß (½ bis ¾ Liter täglich) ist nicht schädlich, sondern als lebensverlängernd anzusehen.“ Für ihn traf diese Regel jedenfalls zu: Hoeniger verstarb 1970 im 90. Lebensjahr.

ökologisch
Der biologische wie auch der organisch-biologische oder ökologische bzw. der biologisch-dynamische Weinbau sind Produktionsformen zur Herstellung von Trauben und Wein auf der Grundlage möglichst naturschonender Pflegemaßnahmen (Bodenpflege, Düngung, Pflanzenschutz). In Südtirol gibt es eine wachsende Anzahl von Bio-Weingütern.

Önologe
Fachmann/-frau auf dem Gebiet der Weinbau- und Kellerwirtschaft.

Ortsäule
Am Anfang oder am Ende einer Pergl, einer Rebzeile, befindliche Holzsäule.

Oxidation
Bei zu langer Lagerung oder bei schadhaftem Korken kann der Wein aufgrund von Luftkontakt eine unerwünschte Braunfärbung erhalten. Deshalb sollen Weinflaschen liegend gelagert werden. Der Großteil der

Südtiroler Weine sollte innerhalb von 1 bis 3 Jahren nach der Abfüllung getrunken werden.

Patillen

Rüsselkäfer, welche großen Schaden im Weinacker anrichten können.

Panzen

Mundartlich für Weinfass, in Südtirol 1525 bezeugt; scherzhaft auch für einen ausladenden Bauch.

Passito

In Italien weit verbreitetes Verfahren zur Herstellung von Spätlesen. Dabei werden die Trauben nach der Ernte getrocknet und erst gepresst, wenn sie stark geschrumpelt sind.

Pataun

Bezeichnung der Pergl in der Meraner Gegend bis vor Bozen. Zeugnis davon ist etwa der Hofnamen Patauncr in Siebeneich sowie der Südtiroler Familienname Patauner.

Pazeide

Altes Holzgefäß zur Weinaufbewahrung (ca. 6 l).

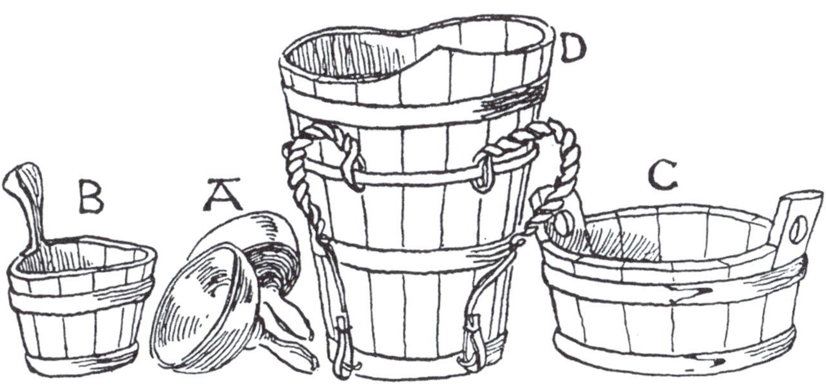

Die Pazeide (B) ist ein Holzgefäß zur Weinaufbewahrung. Wimmschüssel (A), Zumm (D) und Wimmschaff (C) werden bei der Ernte eingesetzt.

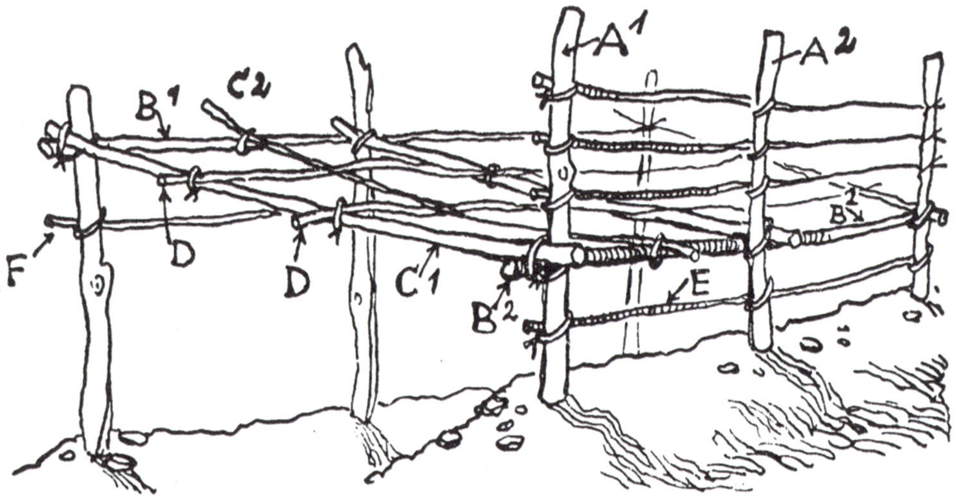

Das Rebengerüst, in Bozen „Pergl“ genannt, besteht aus: Ortsäule (A1), Säule (A2), Firstguntanell oder Spelten (B1), Fußguntanell oder Spelten (B2), Ortschalter (C1), Schalter (C2), Haggen, Stallaun oder Lattlen (D).
In Meran wird dasselbe Gerüst „Pataun“ genannt und besteht aus Ortstecken (A1), Stecken oder Weingartstecken (A2), Stange oder „vorderes Gfall“ (B1), bzw. Stange oder „hinteres Gfall“ (B2), Ortstrager (C1), Marzan (C2), Stallein (Stellaun) (D), Fußlatt (E), Sporlatt (F).

Pergl

Traditionelles, in Südtirol verbreitetes Erziehungssystem, bei dem die Rebe an einem Holzgerüst (meist aus Kastanienholz) hochgezogen wird. Triebe und Rebäste werden hoch über dem Boden aufgebunden und bilden ein Dach, eine Pergola. Vor allem für Vernatsch noch heute gebräuchlich.

Perkeo

Angeblich aus dem Weindorf Salurn stammender, trinkfester Hofzwerg des Kurfürsten Karl Philipp von der Pfalz, der 1727 das berühmte Heidelberger Fass mit 2.000 hl angeregt haben soll.

Peronospora

Ein Pilz, der die Rebstockkrankheit „Falscher Mehltau“ verursacht.

Peter Pitterle
So nennt sich der Festtag am 21. Februar. Der Tag vor Petri Stuhlfeier (22. Februar) galt als bäuerlicher Frühlingsanfang; von da an konnte man wieder ein Pitterle (Holzgefäß) mit Leps zur Feldarbeit mitnehmen.

Phenole
Chemische Verbindungen mit positiven Auswirkungen auf die menschliche Gesundheit, kommen in vielen Südtiroler Rotweinen vor.

Pip
Fasshahn; daher „pipeln“, mundartlich für (zu) viel trinken.

Propst
Klostervorsteher, geistlicher Würdenträger, auch Weinpropst (Verwalter von Weingütern).

Rausch
Bezeichnung für Trunkenheit, die 1551 als „Reuschlin“ auftaucht; wird von „rauschen“ (lärmen) abgeleitet.

Raut
Durch Roden für den Weinbau nutzbar gemachtes Grundstück.

Rebeln
Trennen der Beeren von den Kämmen der Traube.

Reber
Rebmesser; uraltes Arbeitsgerät des Weinbauern zum Abschneiden der Trauben mit sichelförmiger Klinge.

Reblaus
Aus den USA ab 1858 eingeschleppte Pflanzenlaus, welche die Wurzeln der Reben zerstört und dadurch auch in Südtirol verheerende Schäden anrichtete.

Auch im Winter ruht die Arbeit nicht: Rebschnitt in einer Pergl.

Rebschnitt
Der jährliche Schnitt verändert die Trieb-, Laub- und Traubenentwicklung. Beim Rebschnitt werden die Weichen für die Qualität des neuen Jahrgangs gestellt.

Rebschulen
Meist private Unternehmen, welche junge Reben züchten bzw. veredeln und zum Verkauf anbieten.

Rebsorten
In Südtirol herrscht mit 20 verschiedenen Rebsorten eine ungewöhnliche Artenvielfalt vor. Diese war in früheren Jahrhunderten sogar noch wesentlich ausgeprägter: Noch vor 60 Jahren wurden rund 75 verschiedene Rebsorten genannt.

Restzucker
Unvergorener Fruchtzucker.

Riserva
Bezeichnung für Qualitätsweine, die mindestens zwei Jahre reifen müssen.

Rugatte
Auch Rogatte; eine Schmetterlingsgattung, deren Raupen nachts die jungen Rebknospen anfressen.

Ruländer
Südtiroler Bezeichnung für Pinot Grigio oder Grauer Burgunder.

Saltner
Historischer Feld- und Weingartenhüter, in Südtirol vom 15. bis ins 20. Jahrhundert im Dienst.

Salurner
Weinkeller auf der Haderburg, der in den „Deutschen Sagen“ der Gebrüder Grimm (1816) vorkommt.

San Michele
1874 in einem ehemaligen Augustinerkloster in San Michele all'Adige im heutigen Trentino gegründete landwirtschaftliche Landeslehranstalt des damaligen Kronlandes Tirol. Die Fachschule und Versuchsanstalt übte auf die Südtiroler Weinwirtschaft großen Einfluss aus.

sauber (oder rein)
Positive Bezeichnung für einen Wein im Rahmen einer Weinansprache, der völlig frei von Fremd- oder Fehltönen ist. Dies betrifft vor allem den Geruch, aber auch den Geschmack und das Aussehen bzw. die Farbe. Ein verwandter Begriff ist gesund und bezüglich der Farbe klar.

Scartezzini
Helmut; langjähriger Direktor des Landesamtes für Obst- und Weinbau und profunder Kenner der Südtiroler Wein- und Landwirtschaftsgeschichte. Der Agronom verfasst wertvolle Beiträge zum Südtiroler Wein.

schabigen
Entfernen des überflüssigen Laubes und der unfruchtbaren Triebe.

Spargel
Im Etschtal schon im 19. Jahrhundert angebaut, seit einigen Jahrzehnten wieder in größerer Menge. Dazu werden eigene „Spargelweine" kredenzt.

spear
Mundartlich für den Geschmack herber, kantiger Weine mit viel Gerbsäure. Auf der Zunge entsteht ein pelziges Gefühl, die Wirkung auf den Gaumen ist adstringierend.

Speck
Südtiroler Speck unterscheidet sich von vergleichbaren Speck- oder Schinkenprodukten dadurch, dass das Schweinefleisch geräuchert und getrocknet wird. Er ist mit einem guten Glas Wein wesentlicher Bestandteil einer Südtiroler Marende. Ein praktischer Hinweis: Südtiroler Speck schneidet man so dünn wie möglich.

spiegeln
Nach der Weinlese erlaubtes Sammeln von einzelnen Trauben, die beim Wimmen übrig geblieben sind.

Spinell (auch Spund)
Holzzapfen zum Verschließen des Lochs, das zur Entnahme einer Kostprobe in das Weinfass gebohrt wurde.

Stander
100 bis 200 hl fassende, aufrechte Steh- oder Gärfässer, die mit Maische gefüllt werden.

Stellaun
Bezeichnung des Dachs der Perglgerüste in der Meraner Gegend.

Terroir: Die Porphyrböden um Bozen bringen seit Jahrhunderten beste Vernatsch- und Lagreinweine hervor.

Strahler

In Südtirol allgemein gebräuchliche Bezeichnung für einen im gemischten Satz gekelterten Weißwein.

Sußer

In Südtirol verwendeter Begriff für den sogenannten neuen Wein, auch Federweißer genannt. Der Begriff bezeichnet den noch gärenden jungen, süßen Wein, dessen Hefen sich milchweiß färben.

Terroir

Der Begriff aus dem Französischen leitet sich vom lateinischen „terra" ab und bezeichnet das Zusammenspiel aus den Faktoren Klima, Sonneneinstrahlung, Niederschlagsverteilung, Geländeform und Bodenbeschaffenheit, die sich im Wein niederschlagen.

töbelen

Mundartlicher Ausdruck dafür, dass ein Wein schlecht riecht und schmeckt.

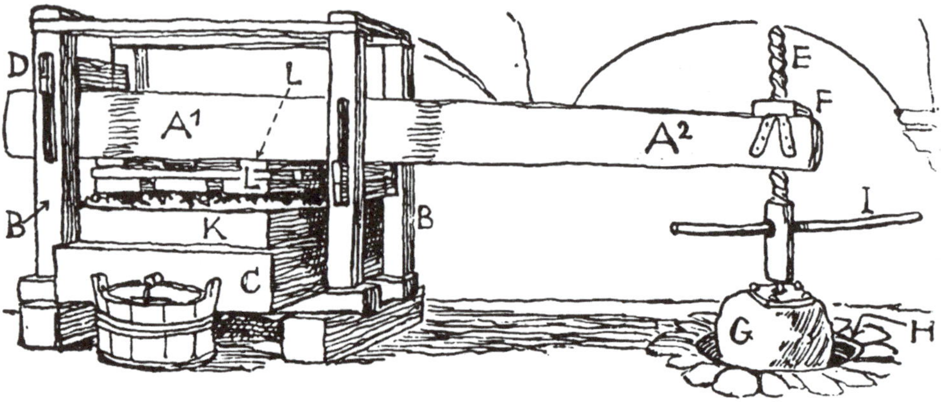

Die Torggl setzt sich zusammen aus: Torgglbaum oder Prail (A), Kopf (A1), Schwanz des Torgglbaumes (A2), Torgglsäulen, Zangen oder Sulfern (B), Torgglbett oder Biet (C), Riegel oder Schlüssel (D), Spindel (E), Jöchl (Sattelmutter) (F), Torgglstein (G), Torggloch oder Läger (H), Deichsel (I), Doggen (K), Rüsthölzer (L).

Törggelen

Seit dem frühen 19. Jahrhundert nachweisbarer Brauch, im Spätherbst die Weinbauern aufzusuchen, um den neuen Wein zu verkosten. Der Name bezieht sich auf die Torggl.

Torggl

Bezeichnung für die früher in Südtirol übliche hölzerne Weinpresse. Das Wort stammt vom lateinischen „torquere", das so viel wie winden, pressen, drehen bedeutet. Mit der Torggl werden die geernteten Weintrauben zu Maische gepresst.

Treber

Sammelbegriff für Schnäpse, die aus Trestern gebrannt werden, auch Tresterbrand genannt.

Trester

Der beim Pressen der Weintrauben übrigbleibende feuchte Rückstand, der aus etwa drei Vierteln Schalen und einem Viertel Kernen besteht.

trinken

Weintrinken will gelernt sein. Dazu einige Tipps: Auf die richtige Temperatur achten (Weißweine 10–12 °C, Rotweine 12–14 °C), Flasche eine Stunde vorher entkorken, den Korken auf „schlechten" Geruch überprüfen, im Uhrzeigersinn einschenken, 0,6 l pro männlichen, die Hälfte pro weiblichen Gast vorsehen.

Südtiroler Trinkregeln

Ein Glas **Weißwein am Vormittag**? Während dies nördlich des Brenners äußerst unüblich ist, ist es in Südtirol von alters her der Brauch, zum „Halbmittag", also zur Jause um circa 10 Uhr, auch einen Schluck Wein zu trinken. Dies halten auch die Italiener so, aber Weißwein, auf keinen Fall Rotwein! Nach dem Mittagessen wiederum wird kein Weißwein mehr getrunken, weil dieser eben nur am Vormittag bekömmlich sei. Wissenschaftliche Belege für diese Volksmeinung gibt es keine. **Rotwein** wird zur „Marende", also zur Nachmittagsjause, oder generell erst am **Abend** getrunken. Auch bei der Auswahl, welcher **Wein zu welchem Gericht** passt, ist der Südtiroler heikel. Hierzulande trinkt man zu Vorspeisen, Fisch und weißem Fleisch Weiß-, Rosé- oder leichte Vernatsch-Weine, zu dunklem Fleisch Rotweine.

Trollinger

Bezeichnung der Großvernatschtrauben bzw. der aus ihnen hergestellten Rotweine in Franken, im Trentino spricht man von Teroldego. Beide Namen weisen wohl auf eine Herkunft aus (Süd-)Tirol hin.

Tschaggele

Mundartlich für kleiner Teil einer Traube bzw. für kleine Traube.

Überetsch

Hauptweingebiet Südtirols, das die beiden Gemeinden Eppan und Kaltern umfasst. Der Name weist auf die erhöhte Lage über dem Etschtal hin.

Unterland

Südlichster Teil Südtirols unterhalb von Bozen und Kaltern bis zur Salurner Klause, Hochburg des Südtiroler Weinbaues.

Die Bozner Weinkost auf Schloss Maretsch ist ein jährliches Highlight unter den vielen in Südtirol stattfindenden Weinevents.

Urban

Heiliger und „der" Südtiroler Weinpatron, als solcher in Bozen schon im Jahre 1463 verehrt.

Vergärner

Historischer Name für den auf den Trestern und nicht als abgepresster Most vergorenen Wein; galt in früheren Jahrhunderten als gesünder als der Höpfwein (Kretzer).

Versoaln

Rebe beim Schloss Katzenzungen in Prissian; sie gilt mit einer Fläche von 350 m^2 und einem Alter von 350 Jahren als die älteste und größte Rebe der Welt.

Weinkost

Die seit 1896 stattfindende Bozner Weinkost ist eines der ältesten Weinevents der Welt. Als Leistungsschau der Südtiroler Weine genießt sie internationales Ansehen.

Richtig gelagert hält vor allem Rotwein viele Jahrzehnte. Im Bild Jahrgangsflaschen der Kellerei St. Pauls.

Weinmesser
Landesfürstliche Beamte, welche mit dem Messen und Eichen der Weingeschirre betraut waren; kommt auch als Hofname vor, z. B. in Schenna.

Weinritt
Besuch der Weinherren (Weinhändler) um Jakobi (25. Juli) bei ihren Kunden, vorwiegend Gastwirten, um die Rechnungen einzukassieren und neue Bestellungen aufzunehmen.

Weimer
Mundartlich für Trauben.

Weinstein
Kristallisierte Kalium- und Kalziumsalze der Weinsäure.

Lagertipps
Hat man einen guten Tropfen erworben, gilt es ihn auch richtig zu lagern. Die Grundregel für sämtliche Weine lautet: **kühl und lichtgeschützt**. Jeder Wein reift in der Flasche nach, je wärmer die Flasche lagert bzw. je heller der Aufbewahrungsort, umso schneller. Ideal ist ein alter komplett in der Erde liegender

Keller mit **gleichbleibender Temperatur von circa 12 bis 13 Grad**. Ist dies nicht möglich, lieber noch im Kühlschrank als zu viel Wärme ausgesetzt. Dort ist es nämlich auch feucht, was dem Wein bzw. dem Naturkorken gut bekommt. Dieser sollte den Wein luftdicht verschließen, weshalb er nicht austrocknen darf. Auch aus diesem Grund sollten Weinflaschen stets **horizontal,** also liegend, gelagert werden.

Weinstraße

1964 schlossen sich sieben Gemeinden im Etschtal zum Werbekomitee „Südtiroler Weinstraße" zusammen. 2000 entstand daraus der gleichnamige Verein, dem heute 16 Gemeinden und 70 Kellereien zwischen den Ortschaften Nals und Salurn angehören.

wimmen

Mundartlich für das Ernten der Trauben, wozu die Wimmschüssel, eine etwa 30 cm breite Holz- oder Blechschüssel, verwendet wird.

woanen

Mundartlich für weinen, das Abtropfen von den geschnittenen Rebentrieben im Frühjahr, der Saft soll nach alter Volksmeinung heilsam für die Augen sein.

Yhrn

Seit dem 12. Jahrhundert in Südtirol häufig genanntes Holzgefäß, in dem 78 l Wein Platz hatte.

zutrinken

Jemanden mit erhobenem Glas grüßen und auf sein Wohl trinken, was zu weiterem Weingenuss animiert. Wird schon 1525 verboten, 1550 mit der Begründung, dass damit „nicht nur Männer, sondern auch Weiber und Jungfrauen bezecht und voll gemacht" werden.

Die Weinlese wird in Südtirol „Wimmen“ genannt. Sie ist immer noch Handarbeit, doch statt des Rebmessers wird heute eine Rebschere verwendet.

Folgende Doppelseite: Unterhalb des Klosters Marienberg im Vinschgau wurde auf 1.350 m ein Weinberg angelegt.

Kleine Südtiroler Weinchronik

Natürlich kann man Wein auch nur trinken. Mehr hat man aber davon, wenn man ein wenig Bescheid weiß – etwa über die spannende Geschichte des Weinbaues. Das gilt im besonderen Maße für die Südtiroler Weine, denn schon einer der größten Dichter des Mittelalters, Wolfram von Eschenbach, meinte, dass die Nachtigall so schön singt, als ob sie all den Wein getrunken hätte, der da wächst zu Bozen. Diese und viele andere Weinhistörchen werden in den folgenden Kapiteln mundgerecht serviert, um zu wissen, was für ein besonderes Getränk sich grad im Glas spiegelt.

Räter und Mönche

Die spinnen, die Räter

Die Weinrebe ist seit **3.000 Jahren** im südlichen Tirol zu Hause. Dies belegen Funde aus der Zeit um 1000 v. Chr., die u.a. in Stufels bei Brixen, in Feldthurns, am Ritten, in Leifers, Pfatten und Eppan gemacht wurden. In Siebeneich bei Terlan fanden Archäologen in einem eisenzeitlichen Gebäude aus dem 2. bis 1. Jahrhundert vor Christus verkohlte Weintraubenkerne und zwei Rebmesser. Vieles schlummert noch unter der Erde. Dies gilt insbesondere für die zahlreichen eisenzeitlichen Brandopferplätze (1000 v. Chr. bis Christi Geburt), die letzthin in unseren Tälern ausfindig gemacht wurden. Bei dem umfangreichen Zeremoniell, welches an diesen „geheiligten" Orten vollzogen wurde, spielte der Wein zweifelsohne eine gewisse Rolle. Auf Castelfeder fand man ein Bronzegefäß etruskischer Herkunft mit Darstellungen von Trauben und einem Trinkgelage. Der „rätische" Wein, den römische Autoren wie Cato der Ältere

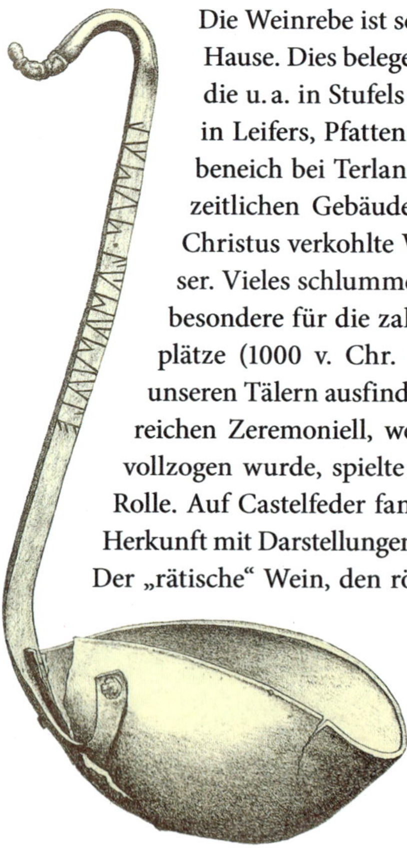

Frühe Spuren des Weinbaus: Eisenzeitliche Bronzekelle zum Weinschöpfen mit rätischer Inschrift, gefunden bei Siebeneich im Etschtal.

Römische Einflüsse: Mosaikboden der 2005 entdeckten Villa bei St. Pauls aus dem 4. Jahrhundert nach Christus.

und Sueton in höchsten Tönen lobten, dürfte allerdings wohl eher um Verona als im heutigen Südtirol gewachsen sein. Während der langen Zeit, in der die **Römer** uns mit ihrem Besuch beehrten (von ca. 15 v. Chr. bis gegen Ende des 5. Jahrhunderts), nahm der Weinbau einen großen Aufschwung.

Römische Wurzeln

Viele bis heute verwendete Begriffe aus der Welt des Weines sind römisch-lateinischen Ursprungs wie etwa auch Wein – vinum:
firmen (Zurechtschneiden der Rebzweige) – firmare
Keller – cellarium
Pergl (Holzgerüst) – pergula
Saltner (Weingartenhüter) – saltuarius
Spund (hölzerner Stöpsel) – expunctum
Stellaun (Teil der Pergl) – stellum
Torggl (Weinpresse) – torcular
Pazeide (Weinbehälter) – batiaca
Punt (bogenförmiges Holzgerüst) – pons
Wimmet (Weinlese) – vindemia
Yhrn (Hohlmaß) – urna

Der aus dem Weihnachtsevangelium bekannte Kaiser Augustus baute um Christi Geburt mit der **Via Claudia Augusta** durch das Etschtal eine der wichtigsten Transitrouten des Altertums, die von der Poebene bis nach Augsburg führte. Es wäre mehr als seltsam, hätte man in den alle 30 bis 40 km angelegten Straßenstationen von Endidae (Neumarkt) über Pons Drusi (Bozen) bis Maia (Mais) nicht auch lokalen Wein ausgeschenkt. In Pfatten fand man jedenfalls neben einem Rebmesser auch eine Flasche aus dem 2. Jahrhundert n. Chr., deren Boden mit Weinlaub und Trauben geschmückt ist. Ohne Zweifel werden auch die Bewohner der herrschaftlichen, über 500 m^2 großen Römervilla aus dem 4. Jahrhundert oberhalb von St. Pauls in den mit Fresken und Mosaiken geschmückten Sälen nicht nur Wasser getrunken haben. Was die Lagerung des Rebensaftes betrifft, waren unsere Vorfahren der Zeit sowieso schon weit voraus. Der römische Fachautor Plinius der Ältere († 79 n. Chr.) berichtet, dass die Räter den Wein merkwürdigerweise in **Holzfässern** statt in Amphoren aus Ton aufbewahrten, wie dies sonst in der gesamten zivilisierten Welt von damals üblich war. Auch in Südtirol wurden Reste römischer Weinamphoren in Kaltern und Kurtatsch gefunden. „Die spinnen, die Räter", scheint sich der gute Plinius frei nach Asterix und Obelix gedacht zu haben! Ob der Römer Leo auf seinem Landgut Leonianum (Lana) oder seine Kollegen Priscus in Priss(c)ianum (Prissian) und Vecitus in Partschins ihren Wein in rätischen Fässern oder in Amphoren lagerten, entzieht sich unserer Kenntnis. Im nahen Sanzeno jenseits des Gampenpasses hat man jedenfalls zahlreiche Fassschrauben zutage gefördert. Und in Brixen wurden 2002 bei Grabungsarbeiten acht Fässer gefunden, die 2.500 Jahre alt sein sollen. Wein war leider keiner mehr drinnen.

Der Wein in der Bibel

An 650 Stellen geht es im Buch der Bücher um die Rebe und den Wein. Schon im Alten Testament werden Rebstock, Trauben und Wein häufig erwähnt. Bekannt ist die Lobeshymne auf den Wein im Buch Sirach: „Wie Lebenswasser ist der Wein für den Menschen, wenn er ihn mäßig trinkt. Was ist das für ein Leben, wenn man keinen Wein hat, der doch von Anfang an zur Freude geschaffen wurde. Frohsinn, Wonne, Lust bringt der Wein, zur rechten Zeit und genügsam getrunken." Im Neuen Testament ist ebenfalls oft vom Wein die Rede. Beim letzten Abendmahl verspricht Jesus ausdrücklich, dass der Wein auch im Himmel nicht fehlen werde: „Ich sage euch: Von jetzt an werde ich nicht mehr von der Frucht des Weinstocks trinken bis zu dem Tag, an dem ich mit euch von Neuem davon trinke im Reiche meines Vaters."

Matthäus 26, 29

Die Römer bewahrten den Wein in Amphoren auf, im Bild ein im Südtiroler Weinmuseum verwahrtes Fundstück.

Bajuwaren und Messwein

Süße Versuchung: Warum die Bajuwaren zu uns kamen

Die Römer machten sich nicht wegen des rätischen Weines auf den mühsamen Weg zu uns wilden Berglern. Vielmehr ging es ihnen darum, durch Straßenbauten über den Brenner und Reschen leichter zu ihren Provinzen nördlich der Alpen zu kommen. Anders dürfte dies bei den germanischen Völkern gewesen sein, die nach dem Zusammenbruch des Römischen Reichs nach Süden zogen. Unsere direkten Vorfahren, die **Bajuwaren,** kamen sicherlich nicht wegen der Milch, des Korns und des Käses hierher (davon hatten sie zu Hause genug), sondern wegen des vergleichsweise süßen Weines! So können wir wohl davon ausgehen, dass die erste große Einwanderungswelle, die unser Land erlebte, sozusagen vom Wein gesteuert war. Dies zeigt sich auch daran, dass der „süße" Südtiroler Wein im **Mittelalter** bei den nördlich der Alpen verbliebenen Bischöfen, Mönchen und Adeligen heiß begehrt war. Seit dem 8. Jahrhundert sind zahlreiche Schenkungen von Weingütern an die Herren Prälaten bezeugt. So ließ sich der **heilige Korbinian** sein geliebtes Kuens 720 vom Baiernherzog Grimoald überschreiben und pflanzte dort höchstpersönlich Reben (und Apfelbäume) an! 827/28 schenkte der Romane Quartinus dem Kloster Innichen zahlreiche Güter, zu denen auch Weingärten in Russan (Moritzing) bei Bozen gehörten. 830 zählte das Churrätische Reichsguturbar Weinberge in Morter, Nals und Terlan auf. 857 übergab die „Prinzessin" Waltrada ihr Landgut in Mairania (Meran) mit Wiesen und Weingärten dem Hochstift Chur. Zum Hof Prishsna, den der Karolinger Ludwig das Kind 901 dem Bischof von Säben schenkte, gehörten ebenfalls Weingüter. 930 übertrug die „edle, gottgeweihte Frau Himiltrud" der bischöflichen Kirche Salzburg eine Hube mit Weingärten in Bozen. Der später heiliggesprochene Bischof Ulrich von Augsburg (923–973) erfreute die Mönche in St. Gallen mit einem „großen Faß Bozner Wein", der wohl aus den Stiftsgütern in Nals stammte. Das Kloster St. Emmeram in Regensburg besaß um das Jahr 1000 Weinberge „im Tal von Bozen". In dem ins 10. Jahrhundert zurückreichenden Vigiliusbrief, einer Urkunde zu den Besitzungen des Trientner Bischofs im Etschtal, finden wir den Weinbau in Eppan

Das Oktober-Fresko aus dem Zyklus der Monate von 1397 im Adlerturm des Castello del Buonconsiglio in Trient.

und Kaltern belegt. Bis zur Jahrtausendwende erwarben alle süddeutschen **Bischöfe** sowie die bereits im **frühen Mittelalter gegründeten Klöster** zahlreiche Weinhöfe und Güter im südlichen Tirol.

Ab dem 12. Jahrhundert folgten ihnen die damals in großer Anzahl **neu gegründeten Stifte** nach. Diese „jungen" Abteien trieben als sogenannte Rodungsklöster den Ausbau der Rebflächen in unseren südlichen Tälern in großem Stil voran. Ausgedehnte Weingüter besaßen natürlich auch die einheimischen Tiroler Klöster und Ordensgemeinschaften Marienberg, Stams, Steinach-Algund, Neustift, Au bei Bozen, Sonnenburg, St. Michael an der Etsch, Wilten, St. Georgenberg-Fiecht und Innichen. Die strengen Kartäuser auf Allerengelberg in Schnals mussten auf ein gutes Gläschen genauso wenig verzichten wie die Klarissinnen in Meran und Brixen, die Herren vom Deutschen Orden und die Bischöfe von Trient, Brixen und Chur. Weitaus der größte Teil der geistlichen Weingüter stammte aus **Schenkungen** von hohen und weniger hohen Herren, die sich solcherart die Zeit im Fegefeuer abzukürzen trachteten.

Süddeutsche geistliche Weingutbesitzer in Südtirol

Vom 8. bis ins 19. Jahrhundert besaßen zehn Bistümer und 45 Abteien Weingüter im südlichen Tirol.

Bistümer: Freising, Augsburg, Bamberg, Chiemsee, Chur, Eichstätt, Konstanz, Regensburg, Passau und Salzburg.

Klöster: Altomünster, Andechs, Attel, Au bei Wasserburg, Baumburg, Beyharting, Benediktbeuern, Bernried, Biburg, Dießen, Ebersberg, Ettal, Frauenchiemsee, Habach, Herrenchiemsee, Hohenwart, Katzis-Chur, Kempten, Kühbach, Moosburg, Neustift München, Niederaltaich, Ottobeuren, Peyersberg, Polling, Prifling, St. Andrä in Freising, St. Mang in Füssen, St. Emmeram Regensburg, Rott, Rottenbuch, Schäftlarn, Scheyern, Schlehdorf, Schongau, Seeon, Steingaden, Tegernsee, St. Ulrich und Afra, Weihenstephan, Weingarten, Wessobrunn, Weyarn.

Exportschlager: Messwein aus Südtirol

Die Klosterweingüter finden wir in Südtirol größtenteils im Umfeld von **Bozen und Meran** konzentriert. In anderen Weingegenden wie dem Überetsch, dem Unterland oder dem Eisacktal gab es wesentlich weniger davon. In Eppan, der größten Weinbaugemeinde des Landes, standen nur 8 % der Kulturflächen in geistlichem Besitz. Dafür war dort der Adel mit 52 % überaus dominierend. Um 1300 besaßen bereits nicht weniger als **sieben Bistümer und vierzig Klöster** aus dem **süddeutschen Raum** Weingüter im südlichen Tirol. 1383 ließen sie 215 Fuder Wein (ca. 160.000 l) über den Brenner- und Reschenpass liefern – zollfrei versteht sich, schließlich war es auch den Landesfürsten um ihr Seelenheil zu tun, von den nicht weniger durstigen **adeligen Herren** ganz zu schweigen. Allein der Herzog von Baiern bezog um 1383 jedes Jahr 180.000 l Wein aus Südtirol. Die vielen anderen kleineren noblen Herren exportierten im selben Jahr zusammen immerhin 500.000 l. Spitzenreiter als Weinproduzent war der Tiroler Landesfürst Meinhard II., der als mit Abstand größter Grundbesitzer im Lande um 1280 ganze 300.000 l einkellerte. Dabei war der **Ertrag der mittelalterlichen Weingüter** im Vergleich zu heute sehr bescheiden: 1412 wurden im Gericht Kaltern auf einem Jauch (ca. 1800 m^2) vier Yhrn gewonnen, was einem Hektarertrag von rund 18 hl entspricht. Heute geht man von einem Durchschnitts-

Weinlaub und Traube als künstlerisches Ornament im Missale von Stefan Stettner aus dem 16. Jahrhundert, verwahrt im Kloster Neustift.

ertrag von 55 bis 60 hl pro Hektar aus. 1574 war die Anzahl der ausländischen Stifte und Domkapitel, die in Südtirol Weingüter besaßen, auf 43 angestiegen. Anlässlich der **Aufhebung der Klöster um 1803** wurde amtlicherseits der geistliche Grundbesitz genau erhoben. Daraus kann geschlossen werden, dass das Augsburger Stift St. Ulrich und Afra und das Kloster St. Mang in Füssen mit jeweils 47.300 Gulden den größten Klosterbesitz in Südtirol innehatten, gefolgt von Rottenbuch mit 29.000 Gulden, Steingaden mit 27.000 Gulden, Wessobrunn mit 13.800 Gulden und Polling mit 10.000. Die zehn im südlichen Tirol vertretenen bayerischen Klöster besaßen um 1800 insgesamt 24 große Weingüter im Gesamtwert von 260.657 Gulden. Im Durchschnitt erzeugte jedes dieser Klöster auf seinen Südtiroler Weingütern jährlich je nach Witterung und Ungezieferplage zwischen 100 und 500 hl Wein, den sie über die Alpen nach Hause transportierten und dort als **Messwein,** Tischwein, für Kranke und für den Weiterverkauf verwendeten. Dass die Chorherren und Patres auch außerhalb der Messfeiern einen guten Tropfen nicht verschmähten, zeigt der nachgerechnete jährliche Konsum von 350–380 l pro Jahr und Pater. Bei den Weißen Mönchen von Steingaden sollen sogar zeitweise 500 l im Jahr getrunken worden sein. Ob die Ordensbrüder danach auch weiße Mäuse sahen, ist

Die Stiftsanlage von Neustift nach Abschluss der barocken Umgestaltungen, Lithografie von Josef Mutschlechner, um 1830.

nicht überliefert. Das Benediktinerkloster Prüfening in Regensburg schränkte die Weinmenge an hohen Festtagen auf zwei Mal 0,8 l ein.

Für das **gewöhnliche Volk** gestaltete sich der Zugang zu einem guten Trunk etwas schwieriger: Im 17. Jahrhundert musste ein Maurer einen ganzen Tag arbeiten, um sich 1,7 l Wein kaufen zu können. 1830 verdiente ein Knecht rund 6,5 Kreuzer am Tag, eine Magd gar nur 3 Kreuzer. Damals kosteten 10 Äpfel 1,8 Kreuzer, 1 kg Roggen 4,2 Kreuzer und 1 l Wein 5 Kreuzer. 1 Yhrn Wein (ca. 78 l) wurde im Jahr 1300 um 36 Kreuzer, 1450 um 48 Kreuzer, 1570 um 1 Gulden und 50 Kreuzer, 1790 um 4 Gulden und 1890 um 30 Gulden (1 Gulden = 60 Kreuzer) verkauft. Dementsprechend hoch lag auch der **Wert der Weingüter.** So verkaufte beispielsweise das Kloster Benediktbeuern den Hendler-Hof in Obermais mit 2,2 ha Rebflächen und 2,2 ha Futterwiesen 1550 um 7.500 Gulden. 1660 war der Posch-Hof in Terlan mit rund 3 ha Wein und 3 ha Wiesen 11.500 Gulden, der Kugler in Moritzing mit 3,5 ha Weinbau 1675 4.950 Gulden und ein Weingut von 2,2 ha in der Gunstlage St. Magdalena sogar 6.250 Gulden wert. Im Vergleich dazu war ein „mittlerer" Berghof damals um etwa 800 Gulden zu haben!

Mittelalterliche Werbeslogans

Der vergleichsweise hohe Preis des Südtiroler Weines geht auf die besondere Güte desselben zurück, welche seit dem Mittelalter immer wieder hervorgehoben wurde. 1074 bedankte sich der Mönch Ulrich von Benediktbeuern für die „vinea pretiosa", den kostbaren Weinberg, den Graf Ulrich (von Bozen-Eppan) seinem Kloster geschenkt hatte. Der Barbarossa-Biograph Otto von Freising rühmte 1155 den **„süßen Wein von Bozen"**, der zum „Versand in entfernte Gebiete geeignet ist". Eine Generation später sang einer der bedeutendsten Dichter des Mittelalters, Wolfram von Eschenbach, ein Loblied auf den „Bozenaere". Um 1200 beschrieb er im Versepos „Willehalm" den Gesang einer Nachtigall und sagte, sie habe so schön gesungen „als ob sie all den Wein trunk, der da mac [mag] ze Bozen sin [sein]". In Bayern wurde der Wein aus Südtirol jenem aus der Donau- und Rheingegend eindeutig vorgezogen. Bekannt ist das Hohelied, das **Oswald von Wolkenstein** 1415 auf dem Konzil von Konstanz auf den „Traminer" anstimmte.

Lobeshymnen auf den Traminer

„Und euer [Konstanzer] Wein ist Schlehentrank,
der rauhet mir die Kehle krank,
das sich verwirret mein hells Gesank,
dick [stark] nach Tramin steht mein Gedank."

Oswald von Wolkenstein, 1415

Dass „der letzte Minnesänger" (oder erste moderne Lyriker) mit seiner hohen Meinung über den „Traminer" beileibe nicht alleine dastand, bezeugt das Urteil des Florentiner Gesandten Leonardo Bruni, der 1415 auf seiner Reise nach Konstanz die Traminer Weinberge besichtigte und diese geradezu als „dem Bacchus heilig" bezeichnete. 20 Jahre später geriet sein venezianischer Amtskollege nicht weniger ins Schwärmen, wenn er beteuerte, nie in seinem Leben so **wunderschöne Weinberge** gesehen zu haben wie im Etschtal zwischen Trient und Meran. 1483 lobte der Dominikanerpater Felix Faber anlässlich seiner Reise ins Etschland die „feinen Weine, welche nach Schwaben ausgeführt werden", und 1580 vermerkte kein Geringerer als der berühmte Philosoph und

Quelle guten Messweins nördlich der Alpen: Besitzungen in Lana des Klosters St. Mang in Füssen, Gemälde aus dem 18. Jahrhundert.

Humanist Michel de Montaigne anlässlich einer Reise durch Tirol in seinem Tagebuch: „An Wein hat die Gegend solchen Überfluss, dass sie in ganz Deutschland liefern. Was die **Gasthäuser** angeht, so fand ich nie eine Gegend, in der sie so dicht gesät und schön waren." Der Tiroler Landeshauptmann Franz Adam von Brandis berichtete in seinem viel gelesenen Werk „Deß Tirolischen Adlers Immergrienendes Ehren-Kräntzel" von 1678, dass der Traminer Wein „in viel alten und weit von hier geschriebenen Arznei-Büchern von absonderlich **Gesundheit** angerühmt" wird. Um 1600 schrieb der Tiroler Kanzler Mathias Burglechner in seiner Landesbeschreibung kurz und bündig: „Weil die tirolischen Weine gut, werden viele tausend Yhren aus diesem Land in andere geführt und mit gutem Mut getrunken." Daran hat sich bis heute nichts geändert!

Bis ins 19. Jahrhundert war das Etschtal sumpfig, Flächen für die Weinberge mussten an den Berghängen gerodet werden. Im Bild Ackpfeif bei Lana.

Weinbauern und Weinherren

Neurodungen vor der „Kleinen Eiszeit“

Die Quellen lassen keinen Zweifel daran, dass der Weinbau schon im Mittelalter die größte Rolle in der Landwirtschaft spielte. Ackerbau und Viehwirtschaft dienten lediglich zur Selbstversorgung und tauchen deshalb auch sehr viel seltener im Schrifttum auf. Häufig stoßen wir im 14. und 15. Jahrhundert auf sogenannte Neugereute, also durch Rodung von Wald **neu angelegte Weinberge.** Begünstigt wurde der Ausbau der Weingüter im Mittelalter durch die **Wärmeperiode,** welche von ca. 1100 bis 1600 auch in höheren Lagen den Anbau von Reben ermöglichte. Ab 1600 folgte bis um die Mitte des 19. Jahrhunderts ein Rückgang der Temperaturen (**„Kleine Eiszeit“**), was in manchen Gegenden dazu führte, dass aus ehemaligen Hofstellen Bergwiesen wurden und so mancher

Neurodungen bis in höhere Lagen: Im Bild der seit 1714 urkundlich erfasste Erbhof Pulser in Völs.

Weinberg aufgegeben werden musste. Neu angelegte Weinberge begegnen uns beispielsweise 1302, 1316, 1325 und 1329 in Ackpfeif oberhalb von Lana. In Völs stieg der Weinbau bis zum Hof Salmseiner auf fast 1.000 m ü. d. M. hinauf. 1395 ist in einer Urkunde vom „Grimmen Weingarten“ in Schabs die Rede, 1423 von einer Weingilte in Natz und 1470 vom Weinberg „auf Plambenait“ zu Mühlbach. Alle genannten Orte liegen oberhalb der „normalen“ Weingrenze“. Dies gilt auch für die folgenden Erwähnungen. 1413 wurden in St. Andrä oberhalb von Brixen zwei Yhrn Wein in der Karwoche als „Leutewein“ ausgeschenkt. In Laas im Vinschgau stiftete 1420 Katharina Larenkin eine Yhre Weingilte zur Verteilung an die Armen am Drei-Königs-Tag. Heute befindet sich unterhalb des Klosters Marienberg auf 1.350 m ü. d. M. der angeblich **höchstgelegene Weinberg Europas.** In der Regel unterstützte im Mittelalter der Grundherr die mühevolle Arbeit der Neurodungen oder regte sie sogar an. Der Bauer, frühneuhochdeutsch noch Baumann genannt, eben weil er das Land bebaute, musste eine bestimmte Anzahl von Jahren, meistens die ersten zehn Jahre, keine Abgaben aus dem neu angelegten

Weinberg leisten. So übergab z. B. **Oswald von Wolkenstein** 1420 den Siessler-Hof in Barbian zu Erbbaurecht – mit der Auflage, dass der Baumann innerhalb von fünf Jahren eine Raute Land roden und als Weingarten anlegen sollte. Von diesem Grundstück war der Baumann ihm und seinen Nachkommen nichts schuldig. Von den restlichen Gütern war ihm der „halbe Wein“ zu liefern, und zwar aus der ersten Kelterung, bevor die Torggl angesetzt wurde. Also nur den besten Wein für den Minnesänger Oswald! Dass der Weinbau damals im Eisacktal einen großen Aufschwung erfuhr, belegen zahlreiche Urkunden: 1312 wurde in der „Runkgade“ bei Brixen ein Acker in Weingarten umgewandelt, 1324 lesen wir vom Weinacker „Planaeths unter Valle“ in Barbian sowie 1327 vom Weinberg „zu Spitzenstein“ in Milland. Zu Albeins baute 1413 „der Rebstockh“ von Feldthurns einen neu angelegten Weingarten.

Die Freiheiten der Tiroler Bauern

Wie in ganz Europa gehörte auch in Tirol der **Grund und Boden** größtenteils nicht den Bauern, die ihn bearbeiteten. Eigentümer der landwirtschaftlichen Güter waren vom frühen Mittelalter bis weit ins 19. Jahrhundert der Adel und die Kirche. Sie verliehen die Höfe zur Bewirtschaftung an Bauleute. In Tirol geschah dies zu verhältnismäßig günstigen Bedingungen. Während in vielen anderen Gebieten Europas der Baumann jederzeit und ohne Angabe von Gründen vom Hof verjagt werden konnte, saß der Tiroler Bauer spätestens seit dem Ende des Mittelalters zu **Erbrecht** auf dem Hof. Dies bedeutet, dass er den Hof ungehindert an seine Nachkommen vererben konnte. Er stand ihm – unbeschadet der Verpflichtungen gegenüber den Grundherren – sogar frei, sein Baurecht zu veräußern. Diese Verpflichtungen bestanden in vertraglich ein für alle Mal festgelegten Abgaben in Geld und/oder Naturalien. Es war dem Grundherrn nur in seltenen, genau begründeten Ausnahmefällen (beispielsweise einer anhaltenden Vernachlässigung der Hofbewirtschaftung) möglich, den Bauern vom Anwesen zu vertreiben. Die **Übernahme des Hofes** war mit einem Vertrag zwischen gleichberechtigten Partnern geregelt, wie es folgende Hofverleihung von 1351 in Lana widerspiegelt:

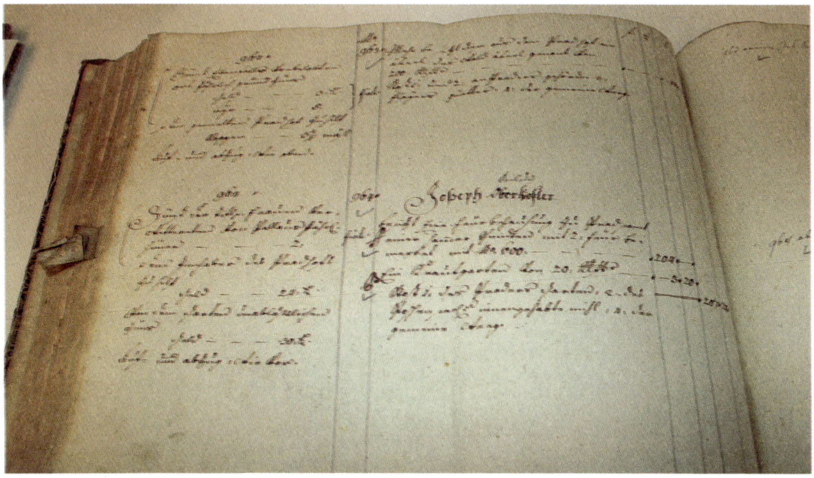

Im Gegensatz zu anderen Ländern waren Bauern in Tirol Grundbesitzer: Auszug aus dem Maria-Theresianischer Kataster von 1777.

Hofverleihung in Gottes Namen

„In Gottes Namen, amen. Wir Ulrich von Gottes Verhängnis Probst zu Rottenbuch und der Konvent dort selbst bekennen in diesem Brief, dass wir unser Gut zu Oberlana genannt Umsin, den Weingarten und was dazugehört und die Äcker, deren vier Stück sind und das Wiesmahd, recht und frei verliehen haben Swiglin an dem Bache, Iremgard seiner Wirtin [Frau] und allen Erben. Dafür sollen sie unserem Gotteshaus als Zins geben alle Jahr ein Fuder Wein [631 l]. Es soll auch Swiglin ein Haus auf den Weingarten setzen und dazu haben wir ihm 10 Pfund Meraner Münze gegeben. Sie sollen von uns und unseren Nachfolgern von dem Gute unvertrieben sein, solange sie gute Bauleute sind. Dies geschah nach Christi Geburt 1351 Jahr am Allerheiligenabend."

In der **Tiroler Landesordnung** von 1404 ist **das Erbbaurecht** genau geregelt: „Es soll auch jeder Herr, sei es ein geistlicher oder weltlicher, seinen Baumann bei all seinen Rechten, worüber er Urkunden hat, seien sie geerbt oder gekauft, belassen. Wenn aber ein Herr einen Eingriff [in die Rechte des Bauern] machen will, so soll der Richter, in dessen Gericht der Baumann wohnt, diesem zu seinem Recht verhelfen. Ein Baumann mag sein Erbrecht verkaufen oder versetzen und vermachen vorbehaltlich der Rechte und der Zinsen des Herren." So kommt die

Die Weinberge beim Schloss Lebenberg in Tscherms besang schon der Dichter Rainer Maria Rilke.

besitzrechtliche Situation des Tiroler Bauern einem „rentenbelasteten Eigentum“, so der österreichische Historiker und Volkskundler Hermann Wopfner, sehr nahe. Daher kann von einer Leibeigenschaft, wie sie in anderen Teilen Europas bis ins 18. Jahrhundert Bestand hatte, in Tirol bereits seit dem Mittelalter nicht mehr die Rede sein. **1848** wurde in der Habsburgermonarchie und damit auch im südlichen Tirol die **Grundherrschaft** überhaupt abgeschafft. Die Bauern lösten daraufhin mit einer einmaligen Zahlung von einem Drittel ihres geschätzten Wertes die jährlichen Grundzinse ab. Das zweite Drittel übernahm der Staat, ein weiteres Drittel mussten die Grundherren „nachlassen“. Trotzdem stellte die Ablöse für viele Bauern eine erhebliche Belastung dar, die mitunter sogar zur Versteigerung des Hofes führte. In ganz **Tirol** wurden damals ca. eine halbe Million Güter durch die Bauern abgelöst. Ein Vergleich der Ablösesummen bestätigt einmal mehr, dass der Wert von Weingütern um ein Vielfaches über dem von Ackerflächen und Futterwiesen lag. So wurde der Kapitalwert der Güter im weingesegneten Burggrafenamt auf 375.000 Gulden und in der Weinbaugemeinde Kaltern auf 425.000 Gulden geschätzt, während er für die Nicht-Weinbau-Gebiete Landeck in Nordtirol und Passeier nur 95.000 bzw. 45.000 Gulden betrug.

Drückende Steuerlast: Allerlei Weinzinse

Die Verpflichtungen der Bauern umfassten vom Mittelalter bis zur Grundentlastung im Jahre 1848 vier Bereiche: den Grundzins an den Grundherren, die Steuern an den Landesfürsten, den Zehent an die Kirche und den Vogteizins an den Gerichtsherren. Der **Grundzins** stellte die vertraglich festgelegten Abgaben an den Grundherren für die Überlassung des Hofes zu Erbbaurecht dar; er bestand im Weinbaugebiet vorwiegend aus Abgaben an Most oder Wein. Die **Steuern** sollten die Kosten der öffentlichen Verwaltung mittragen. Sie wurden größtenteils in Geld eingehoben. Adel und Geistlichkeit waren bis 1775 davon befreit. Erst danach bildete der Grundbesitz unabhängig vom Stand des Besitzers die Steuergrundlage. Der **Zehent,** ursprünglich der zehnte Teil der Ernte, war als Beitrag zum Unterhalt der Pfarrgeistlichkeit gedacht. Der **Vogteizins** diente zur Mitfinanzierung der lokalen Gerichtskosten.

Südtirols älteste datierte Torggl von 1570 steht im Südtiroler Obstbaumuseum in Lana.

Im Folgenden zwei Beispiele für die Abgaben, welche die Höfe zu leisten hatten:

Der **Anger-Hof in Tisens** musste 1644 an den Grundherren, das „Kloster der verschlossenen Pforten zu Gries“ (heute Muri-Gries), 42 Kreuzer, 2 Star Kastanien (ca. 56 kg), 4 Kapaune, 30 Eier zu Ostern, 11 Yhrn guten Most (858 l Wein) an Grundzins abliefern. Als Vogteizins waren 15 Kreuzer und 6 Star Hafer (ca. 170 kg) auf das Schloss Maienburg abzugeben. 30 Eier und 2 Schnitthühner war der Anger-Hof an Küchensteuer dem Landesfürsten schuldig und dem Pfarrwidum in Tisens 12 Kreuzer und ein Schnitthuhn als Kirchenzehent.

Der **Brugg-Hof in Lana** (heute Ladurner) leistete um 1500 folgende Abgaben und Steuern: den Grundzins an das Kloster Weingarten bestehend aus 6 Yhrn Wein (470 l), 42 Broten, 1 Käs, 1 Fleisch, 30 Eiern, 1 Mutt Hafer (42 kg); die Steuer an das landesfürstliche Kellenamt in Meran in Form von 1,5 Yhrn Wein (108 l); den Zehent an die Pfarre Lana im Ausmaß von 1,5 Yhrn Wein (108 l) und den Vogteizins an das Gericht Stein unter Lebenberg mit 4 Star Roggen (112 kg), 2 Hühnern und 2 Schnitthühnern.

Mit 858 bzw. 686 l steht der **Wein** bei beiden genannten Höfen mit Abstand an der ersten Stelle der Abgaben. Dass dies überall so war, bestätigen weitere Beispiele aus verschiedenen Weingegenden Südtirols.

Jährliche Weinabgaben in alter Zeit

Vom Mittelalter bis zur gesetzlichen Ablöse der bäuerlichen Abgaben im Jahre 1848 lieferten die Weinhöfe im südlichen Tirol im Durchschnitt etwa die Hälfte ihrer Weinernte ab. Dazu einige Beispiele:

Der Biedermann-Hof in Tscherms zinste 1.368 l Wein, der Resmair-Hof in Schenna 885 l, der Goidner-Hof in Marling 3.681 l, der Burger-Hof oberhalb von Lana 1.652 l, der Fronkeller-Hof in Algund 1.027 l, der Kircher in Gratsch 1.932 l, der Tschaupp in Riffian 1.610 l, der Bräutigam-Hof in Montan 1.932 l, der Königs-Hof in Kurtatsch 1.449 l, der Gaß-Hof in Missian 1.248 l, der Geiger-Hof in Unterrain 2.028 l, der Plieger-Hof in Völs 1.404 l und der Braun-Hof zu Branzoll 1.449 l.

Abgaben eines Hofes um 1500 am Beispiel des Brugghofes (heute Ladurner) in Lana

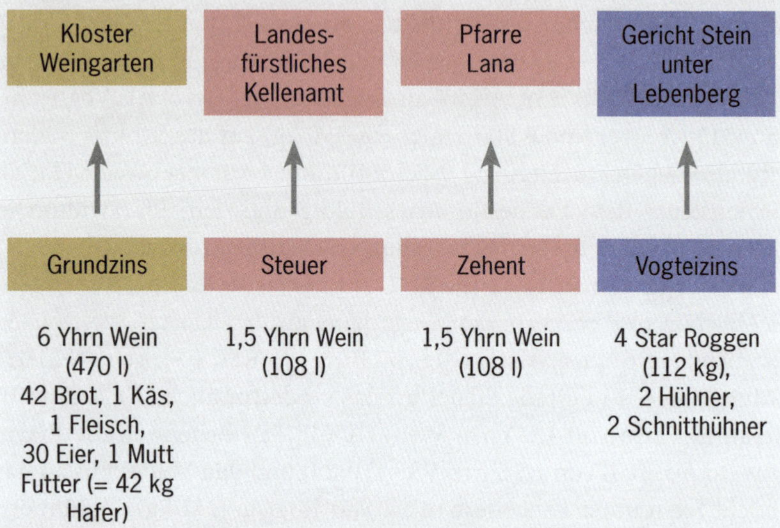

Neben den genannten vier Hauptsteuern und Abgaben, die jedes Jahr zu entrichten waren, gab es noch mehrere **weitere Belastungen,** die zu besonderen Anlässen fällig wurden. Dazu zählten das **Auf- und Abzugsgeld** bei einem Besitzerwechsel am Hof („Laudemium"), das 1 bis 2 % des Kaufwertes entsprach, und die Abgabe des **Todfall- oder Besthauptes** (das beste Stück Vieh) beim Ableben des Bauern. Auf manchen Höfen lasteten darüber hinaus bestimmte **kostenlose Arbeitsleistungen** (Robotdienste) für die „Herrschaft", die meistens auf den jeweiligen Schlossgütern zu leisten waren. So waren beispielsweise die Dorf Tiroler und Gratscher als „Burgfrieder" verpflichtet, die Wege zum Schloss Tirol instand zu halten, in Kriegszeiten „das fürstliche Schloss Tag und Nacht bei den Toren und allen Wehren" zu verteidigen und auf einem Acker von ca. 4.200 m² Rüben anzubauen und diese auf das Schloss zu liefern. Die einzige Gegenleistung für solche vertraglich geregelten Dienste bestand in der Verpflegung der Leute nach getaner Arbeit, zu der auch ein **„ziemliches Trünkl"** Wein gehörte. Allerdings lag die Belastung der Tiroler Bauern durch diese Robotdienste weit unter jener in anderen Ländern: Bei der **Grundentlastung im Jahre 1848** wurden für Tirol ganze 800 Robottage gezählt, in Niederösterreich betrug deren Anzahl beispielsweise ca. sechs Millionen Tage!

Kostbare Weinäcker

Nichts unterstreicht die wirtschaftliche Bedeutung des Weinbaues besser als ein Blick auf die unterschiedlichen Betriebsgrößen von Wein- und anderen Höfen. Dazu bieten die Erhebungen des **Maria-Theresianischen Grundkatasters von 1777** eine ausgezeichnete Grundlage. Diese Beschreibung des Liegenschaftsbesitzes im Habsburgerreich diente dazu, eine objektive Grundlage für die Festlegung von Steuern zu haben. Neben der Angabe des Besitzers, des Hofnamens und der vorhandenen Baulichkeiten erfolgt eine präzise Wiedergabe aller Grundstücke vom „Krautgartl" bis zum Wald und zur Bergmahd, wobei der Wert eines jedes einzelnen Grundstückes angegeben wird. Weiters sind sämtliche Lasten, Abgaben und Steuern an den Grundherren, die Kirche und die Behörden vermerkt. Vergleicht man nun die **Betriebsflächen** der **Weinhöfe** mit jenen der **Berghöfe**, so wird deutlich, dass der Weinbau ein viel größeres Einkommen ermöglichte als die Berglandwirtschaft. Deshalb waren die **Höfe im Tal** und in den Talrandlagen wesentlich kleiner als am Berg. Auf ihnen konnte schon mit verhältnismäßig kleinen Grundflächen eine Familie ernährt werden. Dazu einige Beispiele aus den Etschtaler Weingemeinden Tscherms und Marling und den Berggebieten Ulten, Passeier und oberhalb von Prissian.

Flächenvergleiche zwischen Berg und Tal

Die Kulturflächen (Weinacker, Wiese) beim Peiler-Hof in Tscherms betrugen 1,6 ha, beim Tagfeit 3 ha, beim (halben) Platzmair 0,8 ha, beim Lechner 2,7 ha. Im Gegensatz zu diesen Weinhöfen im Tal gehörten zu den Berghöfen in St. Pankraz/Ulten und in St. Leonhard/Passeier wesentlich größere Flächen an Äckern, Wiesen und Weiden, so beim Laugner 8 ha, auf Hochegg 20,7 ha und beim Sandwirt 10,3 ha. Am Freienberg oberhalb von Prissian wurden zum Jahr 1775 Kulturflächen von 5,7 ha für Tschengg, 13 ha für Aichner, 7,5 ha für Kueperg und 5,2 ha für Ochsenbichl errechnet. Dazu kam bei den Berghöfen in der Regel noch ein ausgedehnter Wald (Laugner 11,2 ha, Sandwirt 9 ha), während die Weinhöfe meistens lediglich über etliche Kastanienbäume verfügten, deren haltbares Holz für die Rebgerüste unerlässlich war (Tagfeit-Hof 0,2 ha „Kösten“, Erwähnung von „Köstenholz“ auch beim Lechner-Hof).

Übrigens waren die **Weinbauflächen** auch bei großen Talhöfen wesentlich kleiner, als man meinen möchte. Selbst ein so berühmter Weinbauer wie der Popp in Marling verfügte 1777 „nur“ über 1,7 ha Weinbau! Die Weinbaufläche bei einem der größten Weinhöfe im Etschtal, dem Wörnhard (Schöpfer) in Tscherms, betrug ganze 2,3 ha. In der Regel waren auch bei den Weinhöfen die Wiesenflächen größer als die Weinäcker. Diese wurden für die Viehhaltung benötigt, die zur Eigenversorgung und zur Bewirtschaftung der Güter bzw. Haltung der Zugtiere, hauptsächlich Ochsen, diente. Bis ins späte 19. Jahrhundert war es das Bestreben jedes Bauern, ausschließlich von den Erzeugnissen des Hofes leben zu können.

Eine Weinreise anno 1600

Erste Erwähnungen historischer Weindörfer

Wie es mit dem Weinbau vor 400 Jahren in unserem Land bestellt war, darüber gibt die **„Landesbeschreibung“ des Marx Sittich von Wolkenstein aus der Zeit um 1600** Auskunft. Der Adelige lebte von 1599 bis zu seinem Tode im Jahre 1620 auf Schloss Rafenstein oberhalb von Bozen. Eingedenk der Gefahr, dass „der Müssiggang alles Übl mit sich bringt“, schrieb er von ca. 1600 bis 1620 seine bekannte „Chronik von Tirol“. Zu diesem Zweck „durchraiset“ er nicht nur „diese löbliche Grafschaft Tyrol bisweilen auch im Schnee, Regen und Wind“, sondern wertet auch fleißig die „Skripta und Bibliothecae und allerlei Handschrift“ aus, die er auf den Burgen und anderswo vorfindet. Wolkenstein zeichnet in seiner Chronik von Landgericht zu Landgericht ein anschauliches Bild unseres Landes und seiner Wirtschaft, wobei der Wein eine besondere Rolle spielt: „Diese mild und löbliche Grafschaft Tirol ist an **Wein** über andere Länder reichlich begabt und versehen, führt an Güte und Menge

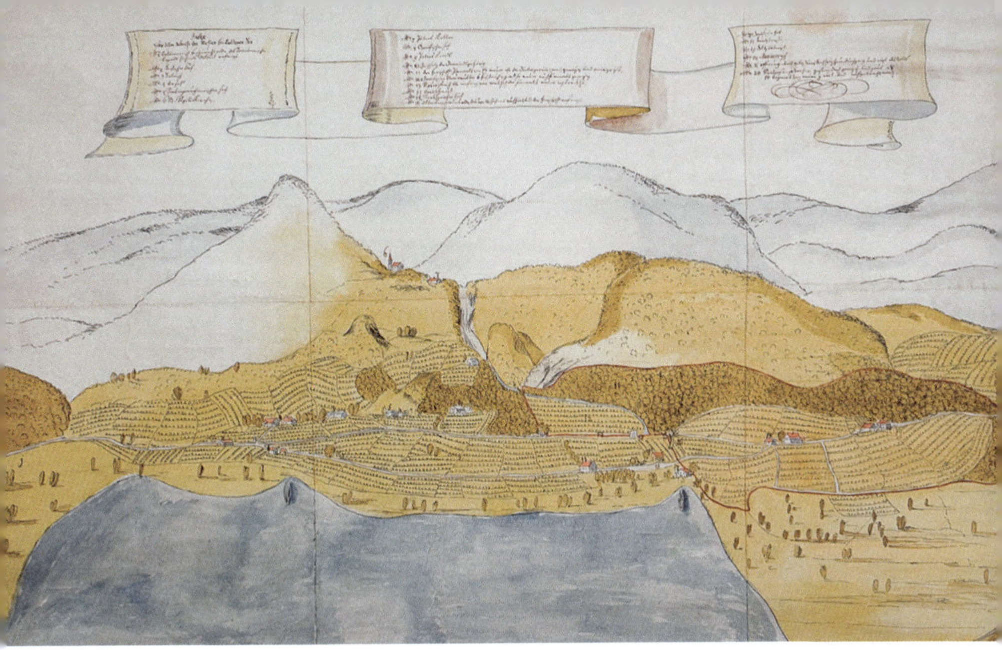

Älteste Karte vom Weinbaugebiet am Kalterer See aus dem frühen 17. Jahrhundert. Die eingezeichneten Weinberggrenzen existieren zum Teil heute noch.

den Preis [heißt: übertrifft andere Weinanbaugebiete an Qualität und Menge], daß also diese Landschaft anderen umliegenden Ländern Wein genug mitteilet [liefern] und [dieser] wegen seiner Güte und Lieblichkeit zu trinken sehr weit geholt und verführt wird.“ Nach diesen einleitenden Feststellungen beschreibt Wolkenstein detailliert, was in den einzelnen Gerichten wächst, und hebt dabei den Weinbau stets besonders hervor. So heißt es über den „schönen und reichen Markt **Tramin**“, dass „allda die trefflichen Thraminer Wein“ wachsen, die „teuer verkauft werden“. Auch die dortigen „gueten und cöstlichen Vergerner, rot und weiß“ werden „in großer Anzahl im Land und Teutschland verführt und großes Geld daraus gelost“. „Fyrtreffentlich Traminer und roter Wein“ wächst auch zu „Cartätsch“ **(Kurtatsch)** und **Margreid.** „Gar die aller pesten Wein“ ortet Wolkenstein in **Montan.** Natürlich darf auch der **Kalterer Wein** nicht unerwähnt bleiben, der ein „gar guter Sumber Wein“ [gehaltvoller Wein, der im Unterschied zum „Winterwein“ auch im Sommer noch getrunken werden konnte] ist und in großer Menge „ob 2.000 Wagen“ [gemeint ist wohl „Fuder“ zu ca. 600 l] verkauft wird. „Schöne Güter und Wein Gewächs“ umgeben den **Kalterer See.** Auch in **Eppan** und **Missian** wächst „sehr viel und guter Sumberwein“, der ebenfalls „ob 2.000 Wagen“ verkauft wird. Die „allerpesten Weingewächs, so

Weingüter in Siebeneich bei Terlan mit Blick auf Schloss Neuhaus. Bereits um 1600 soll hier „viel guter Wein viel verkauft“ worden sein.

Rebenmeer unterhalb der St.-Appolonia-Kirche in Missian. Das Weindorf wurde bereits in der „Landesbeschreibung“ von 1600 erwähnt.

man im Land findt", gibt es im Landgericht **Gries** und „Pozen" **(Bozen).** „Guter Sumber Wein, aber wenig" ist in **Andrian** anzutreffen, während **Nals** „viel mehr Wein und was besser" hat. „Den aller besten Wein Boden und Wein zu Sumber und Winter" gibt es in **Terlan** und in **Siebeneich,** von wo „viel guter Wein viel verkauft wert und groß Geld gelesen wird". Im Unterschied dazu ist der Wein im Gericht **Tisens** oder Maienburg „saur, aber es wächst dort ziemlich viel Wein, der auch viel verkauft wird, weil sie etwas wolfler [wohlfeiler] sind und er zum filen [zum Auffüllen] gebraucht wird". In **Lana** „wags guter Wein und viel, draus sy grosse Losung haben und Geld lesen". Das Holz zum Weinbau und für die Weinständer kommt dort aus Ulten. Voll des Lobes ist Wolkenstein auch für den Wein aus **Burgstall.** „Viel und ziemlich guter Wein, aber an etlichen Orten was sauer", gedeiht in **„Schönna"** (Schenna) und im Gericht **Forst.** „Gut Opfel und Pyrn, Kösten und Nuss, Kerschen und dergleichen, aber kain Wain" wächst im Gericht Passeier. Leider fehlen in der überlieferten Landesbeschreibung das restliche Burggrafenamt und der Vinschgau. Auch über die Eisacktaler Weine sind in den erhaltenen Teilen des Manuskriptes nur wenige Nachrichten vorhanden. Die Weinreise geht am **Ritten** weiter, wo an unterschiedlichen Orten auch guter Wein wächst, „als in Viertel Siffian etwas sauer, zu **Unter Platten** gut und in **Leitach** die besten". „Wein Gewächs" trifft Wolkenstein auch in **Völs** an „aber des mehr sauer", während der „ziemlich [viele] Wein" im Gericht **Gufidaun** als „was frisch" klassifiziert wird.

„Haben große, dicke Räusch gehabt"

Im südlichen Tirol wurde natürlich nicht nur Wein angebaut, sondern auch getrunken, und manchmal nicht wenig, wie die Überschrift dieses Kapitels besagt, wo von „dicken Räusch" die Rede geht. Das Wort im Sinne von „rauschen", also „lärmen", taucht nach dem Kulturhistoriker Karl Theodor Hoeniger im Jahre 1551 auf. Im klassischen Altertum war das Sich-Berauschen verpönt – außer zu bestimmten Anlässen, bei welchen es durchaus zulässig, ja sogar erwünscht war. Dem weiblichen Teil der Menschheit war der Weingenuss damals allerdings untersagt. In der

Bibel wird der Wein von der Hochzeit zu Kana bis zum letzten Abendmahl 428 Mal erwähnt. Auch dort ist viel von Mäßigung die Rede. Das Mittelalter und die nachfolgende Zeit pflegten einen recht ungezwungenen Umgang mit dem **Weingenuss.** Davon berichten von den Carmina Burana bis hin zu Oswald von Wolkenstein nicht nur zahlreiche mittelalterliche Trinklieder, sondern auch die Akten der Gerichtsbarkeit. Demnach ging es bei Festen und in den Wirtsstuben oft ziemlich hoch her, wie etwa am 18. Juni 1569 beim Plunger-Wirt in Kastelruth, wo einige Männer „in der Stuben gezecht haben und noch eine Maß Wein oder zwei oder drei" tranken. Aus einem Wortwechsel entstand ein Streit, bei dem zwei Kontrahenten aufeinander losgingen. Der herbeigeholte Richter machte kurzen Prozess und schlug einem der beiden mit der „Präxen auf den Grind und den Buggel", also mit einem kleinen Degen auf den Kopf und Rücken, worauf dieser wenig später nicht nur den Weingeist aufgab. Eines der **Weinlieder** Oswalds von Wolkenstein, der auf seinen Zinshöfen vom Eisacktal bis nach Völs selbst eine beträchtliche Menge an Wein produzierte, spiegelt diese Wirtshausatmosphäre recht treffend wider:

Wolkensteins Weinsong

„Herr Wirt uns dürstet also sehre,
trag auf Wein, trag auf Wein, trag auf Wein!
Das dir Gott dein Leid verkehre,
bring her Wein, bring her Wein, bring her Wein!
Und dir dein Sälden [Einkommen] mehre,
nu schenk ein, nu schenk ein, nu schenk ein."

Oswald von Wolkenstein, um 1420

Der aus Trient stammende und in Hall in Tirol praktizierende Arzt Hippolyt Guarinoni bekämpft in seinem 1610 erschienenen Buch „Die Grewel der Verwüstung des menschlichen Geschlechtes" besonders den Genuss von „Höpfwein" – wie man den Kretzer, also den ohne Schalen vergorenen Wein damals nannte –, rügt aber auch das „Saufen" im Allgemeinen. In dasselbe Horn stößt Marx Sittich von Wolkenstein in seiner schon erwähnten „Landesbeschreibung", wo er das unmäßige

Der Arzt Hippolyt Guarinoni rügt das unmäßige „Weinsaufen" der Tiroler bereits in seinem 1610 erschienenen Werk „Grewel der Verwüstung menschlichen Geschlechts".

Weintrinken, das besonders bei Hochzeiten und anderen Festen anscheinend hoch im Schwung stand, anprangert: „Wie kann aber solcher Überfluss in Essen und Trinken gesund seyn, dieweil einem jeden bewusst, dass dies große heftige Krankheiten verursacht." Auch rügt er Eltern, welche „die Kinder in der Wiegen zum **Weinsaufen** gewöhnen". Die den alten Germanen nachgesagte Mäßigkeit, fährt Wolkenstein fort, „ist laider bey uns Etschländern und Tyrolern so gar erloschen. Welcher jetziger Zeit mehr saufen mag, der ist der Edelst. Der ist ein Hofmann, welcher einen anderen mit zutrinken übereilen und zudecken kann." Das hier erwähnte Zutrinken oder Zuprosten wurde seit dem 16. Jahrhundert immer wieder durch die Landesfürsten bei Strafe untersagt, da dabei nicht nur die Männer, sondern auch „Weiber und Jungfrauen bezecht und voll gemacht" würden. In Bozen verordneten die Stadtväter

Die Tiroler Landesordnung des Erzherzogs Ferdinand von 1574 verbot das „Zutrinken“, also das Zuprosten, weil es zu weiterem Trinken einlädt.

1437, dass nach dem Läuten der Weinglocke um 21 Uhr kein Wein mehr ausgeschenkt werden durfte. Der Erfolg dieser Regelungen blieb aber gering. Viel Essen und Trinken galt weiterhin als hoffähig, vor allem in den besseren Kreisen. So berichtet der Landadelige **Johannes Sigmund von Rost** (1653–1729) in seinen Tagebuchaufzeichnungen in schöner Regelmäßigkeit (und bedenklich kurzen Abständen) von Festen und Feiern, bei denen die Teilnehmer „fein lustig gewesen und große dicke Räusch gehabt“ haben. Auch die **Sprüche,** mit denen manche Südtiroler Gerichtsschreiber den Rand ihrer Akten „verzierten“, lassen an Deutlichkeit nichts zu wünschen übrig, wie der Heimatkundler Bruno Mahlknecht in seinem Buch „Von großen und kleinen Übeltätern“ aus den Schriften der ehemaligen Gerichte von Brixen, Schlanders, Salurn usw. zitiert.

Schreiber-Sprüche

Gerichtsschreiber müssen nicht immer fade Bürokraten sein. Manch einer in früheren Zeiten formulierte persönliche Sinnsprüche, die sich am Rande von Akten finden:

„Adams Ripp und Rebensaft ist mein Buhlschaft" (Brixen 1575), „Fudt und Wein bringt mich um das Mein" (Schlanders 1579), „Guter Wein und schöne Weiber verderben oft manchen Schreiber" (Salurn 1598), „Trink ich Wein, so verdirb ich, trink ich Wasser, so stirb ich; noch ist besser Wein trinken und verderben, als Wasser trinken und gar sterben" (Schlanders 1586).

Dass auch das „gewöhnliche Landvolk" dem Wein kräftig zusprach, wenn sich die Gelegenheit dazu ergab, geht neben den erwähnten Gerichtsakten auch aus mehreren Berichten von Klosterverwaltern hervor, die sich über die „unermessliche Liederlichkeit und unbesiegbare Liebe zu Spiel, Trunk und Tanz" ihrer Südtiroler Bauleute ärgerten.

Alte Rebsorten: Gschlafene und Heunische

Welches waren die **Rebsorten,** aus denen in früheren Zeiten der so hochgepriesene Südtiroler Wein gewonnen wurde? Darüber geben zahllose Aufzeichnungen aus alter Zeit Auskunft. In einem Urbar des Klosters Tegernsee von 1500 heißt es: „An der Etsch wachsen **Muskateller, Lagrein, Vernetzer** [Vernatsch] als die besten Weine, mindere Sorten sind **Schlafer** [Gschlafene], **Heunische, Verdolen** [Versoaln], **Madruschen, Pfefferwein.**" Der weißgelbe **Muskateller** wurde in Meran und Bozen auch als „Pfeffertraube" bezeichnet, seit 1300 ist er wegen seines vollen Buketts als „schmecketer" Wein im Sinne eines ausgeprägten Geruches bekannt. Der rote **Lagrein** mit seiner intensiven dunkelroten Farbe ist eine uralte einheimische Rebe, die auch heute noch eine bedeutende Rolle im Südtiroler Weinbau spielt. Früher war der heute verschollene Weiße Lagrein weit verbreitet. In manchen Gegenden bildete er sogar die Hauptsorte. Vom ebenfalls seit vielen Jahrhunderten angebauten **Vernatsch** ist schon 1526 als „gueten Fernatzerwein" die Rede. Hingegen findet sich in den alten Urbaren keine namentliche Erwähnung des **Gewürztraminers.** Dort ist stets nur von Traminer Wein die Rede,

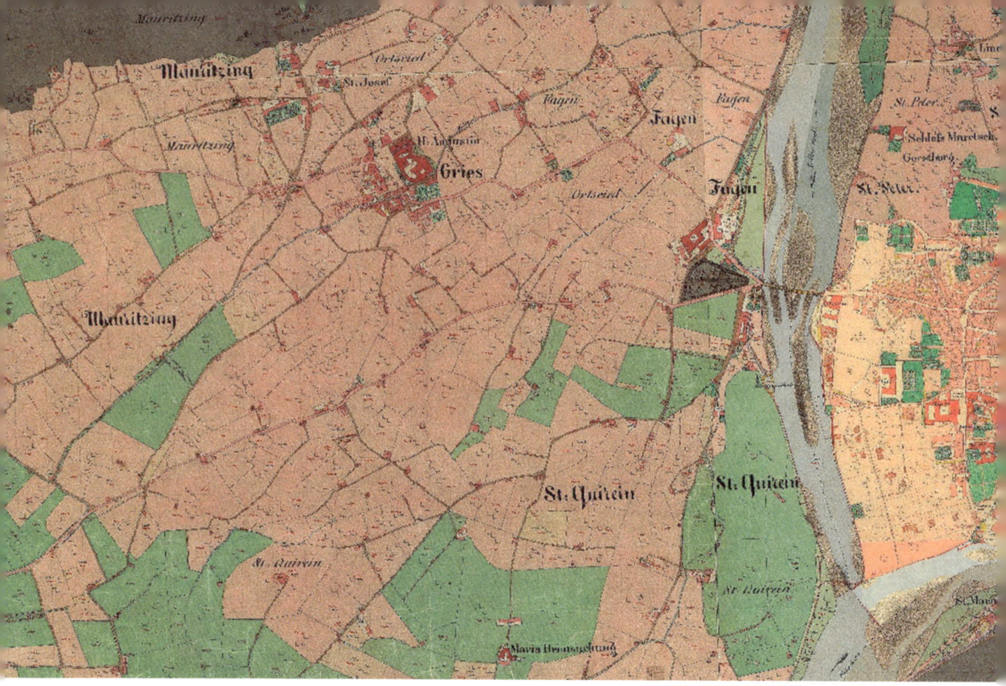

Ausschnitt aus dem historischen Kataster von 1858: Die Tallagen in Gries und Moritzing waren fest in der Hand der Weinbauern.

womit wohl diese heute noch beliebte Sorte gemeint war. Der rote und weiße **Heunische** soll angeblich wie der **Härtling** vor 1500 aus Ungarn zu uns gekommen sein. Schon 1320 taucht in Lana/Ackpfeif der aus Slowenien stammende **Gschlofene** auf, der als „Schiava“ in der Nachbarprovinz Trentino fortlebt. Belegt sind auch die **Salzen** oder **Edelschwarzen**, eine spätreifende heimische Rebsorte, die im Eisacktal als „Schwarze Hottler“ bezeichnet wurde und nicht mit dem **„Furner Hottler“** zu verwechseln ist, ein dem Kleinvernatsch ähnlicher, ebenfalls vor allem in Eisacktal verbreiteter Weißwein. Dazu kommen noch die **Blatterle**, eine weitere Weißweinsorte, so benannt wegen ihrer etwas abgeplatteten Beeren, die **„Brater“**, eine weiße und rote „fleischige“ Traubensorte, die vor allem in höheren Lagen beheimateten blauen **Portugieser** und der heute noch im Vinschgau anzutreffende weiße **„Fraueler“**, im Etschtal als weißer Terlaner be- und gerühmt. Öfters erwähnt wird in den Urbaren auch die **Versoaln**-Rebe, deren einziges, allerdings sehr berühmtes Exemplar sich neben dem Schloss Katzenzungen in Prissian erhalten hat. Neben den bereits genannten Rebsorten werden um 1644 am Anreiterhof in Moritzing auch **„Goldbeer, Geißaugen, Hurlacherin und Putznising“** erwähnt.

Weingartstein von 1744 in Galsaun im Vinschgau.

Von den historischen Südtiroler Rebsorten haben nur wenige die Zeit überdauert. Viele sind gänzlich aus den Rebanlagen verschwunden. Lediglich der Vernatsch und der (rote) Lagrein sowie der Gewürztraminer stellen noch einen wichtigen Marktanteil.

Berühmte Südtiroler Weinlagen

In alten Zeiten wurden die Weine nicht nach der jeweiligen Rebsorte, sondern nach dem Ort ihrer **Herkunft** bezeichnet. So ist nie vom Lagrein aus Gries, vom Vernatsch aus dem Burggrafenamt oder vom Gewürztraminer aus dem Unterland die Rede. Vielmehr erzählen die alten Schriften von Bozner, Meraner und Traminer Weinen. Deshalb wissen wir nicht mit Sicherheit, welche Weinsorten damit überhaupt gemeint waren. Diese Tradition hielt sich erstaunlicherweise bis weit in das 19. Jahrhundert hinein. Tatsache ist, dass die Weine der genannten Orte Bozen/Gries, Tramin und Meran von jeher zu den ersten und am häufigsten genannten (und hochgelobten) Lagenweinen im südlichen Tirol zählen. Der **Bozner Wein** wird schon 827 urkundlich erwähnt, den **„Traminer“** bestellt Herzog Rudolf von Österreich 1361 für sein Treffen mit der landesfürstlichen Familie in Bozen und auch der **„Meraner“** taucht schon in hochmittelalterlichen Urkunden auf. Erst in späteren Jahrhunderten gesellen sich zu diesen drei **berühmten Weinlagen** weitere dazu. Georg Rösch von Geroldshausen zählt in seinem 1558 erschienenen „Tiroler Landreim“ folgende zwölf Lagen zu den besten des

Die Gunstlagen der Bozner Weinleiten gehören seit je her zum Einzugsgebiet der Kellerei Bozen.

Landes: „Traminer, Eppaner, Leitacher [Leitach bei Bozen], Kalterer, Girlaner, Missianer, Montaner, Planitzinger [bei Kaltern], Riedrer [?], Grieser [Bozen], Ackpfeifer [bei Lana] und Schreckbüchler [bei Girlan].“

Der Haller Stadtarzt Hippolyt Guarinoni, nebenberuflich auch für das hochfürstliche Haller Damenstift zuständig, führt in seinem 1610 erschienenen Werk „Die Grewel der Verwüstung menschlichen Geschlechts“ – ein im typischen Stil der Barockzeit weitschweifendes Sammelsurium an medizinischen und volkskundlichen Inhalten – folgende Südtiroler Spitzenlagen an: „Kühberger [Küchlberger], Meroner [Meraner], Rosengartner [Gratsch], Nalser, Leitacher [bei Bozen], Brixner und Clausner Wein [Klausen], Schabser, Botzner [Bozen], Grieser, Aurer, Neumarkter, Salurner, Cartiner [Kurtiniger], Mataner [Montaner], Sanct Michaeler [St. Michael Eppan], Teutschmötzer [Mezzocorona im Trentino], Margareiter [Margreit], Eichhöltzer [Aichholz bzw. Rovere della Luna im Trentino), Traminer, Cartatscher [Kurtatscher], Eppaner, Planitzer [Planitzing bei Kaltern], Calterer See-Wein, Missaner.“

Erstaunlich: Bereits Rösch und Guarinoni nennen mehr oder weniger alle noch heute bekannten Weinlagen und Weindörfer. Zahlreiche Südtiroler Sorten und Lagen finden wir auch im wohlsortierten Kellerinventar des Erzherzogs Sigmund Franz von 1665. Mit den damals in Innsbruck eingelagerten 1805 Yhren Wein (ca. 1.380 hl) war die Gefahr gering, dass der **landesfürstliche Hof** auf dem Trockenen sitzen musste!

Der üppige Weinkeller des Tiroler Landesfürsten

Von 1420 bis 1665 hielten die Fürsten von Tirol aus dem Hause Habsburg in Innsbruck Hof. 1665 kam der letzte Tiroler Landesfürst Sigmund Franz bei der Wildschweinjagd in Kaltern ums Leben. Sein Weinkeller in der Innsbrucker Hofburg setzte sich in seinem Todesjahr aus den folgenden Weinen zusammen, wie uns das damalige Inventar verrät:

407 hl weißer Grieser Vergärner, 270 hl Meraner Vergärner, 184 hl Traminer Höpfwein, 150 hl weißer Traminer Vergärner, 141 hl roter Grieser Vergärner, 88 hl weißer Trientner, 86 hl Iserawein (Isera im Lagertal/Valle Lagarina im Trentino),

Der Tiroler Landesfürst Sigmund Franz verfügte um 1660 über einen wohlgefüllten Weinkeller.

57 hl roter Trientner, 57 hl Alanwein, 56 hl roter Traminer, 51 hl Nerger-Wein (der Rotweinsorte Negrara), 50 hl roter Missianer Vergärner, 34 hl weißer Missianer Vergärner, 32 hl Veltliner, 28 hl roter Eppaner Vergärner, 20 hl Meraner Höpfwein, 20 hl roter Vernatscher, 15 hl weißer Kalterer Vergärner, 13 hl roter Margreiter Vergärner, 11 hl Rosmarinwein, 10 hl Königlohner, 9 hl Marzeminwein (der im Trentino verbreiteten Sorte Marzemino), 7 hl weißer Vernatsch, 6 hl Planitzer (Planitzing bei Kaltern) Vergärner, 3½ hl Malvasier, 2 hl Muskateller und (sozusagen als kostbare Rarität) 1½ Yhrn Rheinwein, „so 84jährig".

Die Weine aus **Gries, Meran und Tramin** nahmen somit am zweifelsohne sehr auf Qualität bedachten landesfürstlichen Hof mengenmäßig mit deutlichem Abstand die ersten Positionen ein, gefolgt von den Trentiner und Eppaner Weinen. Aufmerksamen Leserinnen und Lesern wird nicht entgangen sein, dass die Weine in Vergärner und Höpfwein unterschieden werden. Beim **Höpfwein (Kretzer)** wird nur der Rebensaft ohne die Schalen der Trauben, beim Vergärner hingegen der Most auf den Trestern vergoren. Doktor Guarinoni und manch andere Autoren „wetterten" leidenschaftlich gegen den Genuss von Höpfwein, da er der Gesundheit überaus abträglich und „der größte Unflat auf Erden" sei. Bekanntlich sagt man dem Kretzer noch heute nach, dass er die Leute „stänkerisch", also streitsüchtig mache. Ab dem Beginn des 17. Jahrhunderts lässt sich eine bedeutende Zunahme von Rotweinsorten feststellen, die als Most in der Schale vergoren werden **(Vergärner)** und die bisher vorherrschende Weiß- und Rosé-Weine ablösen. Die bis ins 16. Jahrhundert weit verbreitete weiße Lagrein-Rebe ist heute gänzlich verschwunden. Der Mitbegründer des Südtiroler Weinmuseums und Heimatkundler Luis Oberrauch glaubte in den 1960er-Jahren, Reste davon beim Punter in der Gegend am Eingang ins Ultental entdeckt zu haben.

Wein, Türgg und Äpfel

Weinbau um 1850: „Alles trachtet nach der Menge"

Ein bis heute unerreichtes Standardwerk über das historische Tirol ist die Landesbeschreibung von **Johann Jakob Staffler**. Das fünfbändige Werk des in St. Leonhard in Passeier geborenen Richters und späteren Kreishauptmannes im Pustertal erschien von 1839 bis 1846 und beschreibt auf insgesamt 1.188 Seiten sämtliche Gemeinden des Landes. Darin heißt es in der etwas umständlichen Sprache der Zeit zum **Weinbau:** „Jene italienische Vegetation mit dem mildesten Klima ist dem Hauptthale der Etsch von der Töll abwärts, dem tieferen Gelände am Eisack, der Hügelgegend von Eppan und der sanft anschwellenden Gebirgsebene von Kaltern eigen. Hier findet sich der Rebstock vollkommen behaglich und heimatlich; er sproßt wie auf fettem Gartengrunde, so im Porphyrgestein der niedrigen Berghänge; er rankt an den alten Schlossmauern gemeinschaftlich mit dem Efeu, oder um das Hausfenster des

Bauern füllen Trester nach der Gärzeit in Fässern ab, die Trestern wurden dann zu Schnaps gebrannt. Kaltern 1906.

Weinernte in Kaltern um 1910: Gearbeitet wurde mit Wimmschüssel, -schaff und Zumm, im Einsatz war die ganze Familie.

Landmannes, die Wohnung seines Pflegers mit liebenden Armen umschlingend. Der edelste Wein wächst an den Collinen [Hügeln], besonders in der Umgebung von **Bozen**, an den sanften Bergneigen bei **Terlan, Siebeneich** und **am Kalterer See.** In der größten Ausdehnung wird der Weinbau in den Bezirken von **Bozen, Kaltern, Meran** und **Lana** betrieben, überall jedoch mit einem staunenswürdigen Fleiße, und im erstgenannten Bezirke da und dort selbst mit einem Aufwande von Luxus." Bei der Beschreibung des **Bezirkes Meran** zeichnet Staffler ein anschauliches Bild des damals üblichen **Rebenanbaus:** „Der Weinbau wird mit einer ganz besonderen Sorgfalt und mit einem großen Kostenaufwande betrieben. Die Rebe sieht man hier auf Pontaine (sechs Fuß hohe und oben gleich einem schrägen Dache auslaufende Geländer, von Säulen aus Kastanienholz und von geschnittenen Fichtengestängen fast zierlich gebaut) aufgezogen." Im Raum **Brixen** wurde die Rebe hingegen laut Staffler „einzeln an Stöcke gebunden und nicht über Pergln (dachförmige Holzgeländer) gezogen, wie in den Weingütern bei Bozen und Meran". Trotzdem lieferte sie „in günstigen Lagen, wie an den warmen Abhängen zu **Tschötsch, Kranebit** und in der Gegend von **Albeins** gute, ja sehr gute Weine“. Mit „gutem Erfolg“ angebaut wurde die Rebe auch im Gerichtsbezirk **Klausen,** „in den Gegenden von **Barbian, Villanders, Pardell, Velthurns, Theis, Gufidaun, Weidbruck** und im **Layener-Ried.** Der hier erzeugte Wein, meistens auf Collinen gezogen, wird als Tafelwein gesucht, und insbesondere jener von den Hügeln um Klausen (vom Klausener-Leitach).“ Allerdings, so Staffler weiter, ist „bei der Beschränktheit des baufähigen Grundes die Quantität des Weinerzeugnisses von geringer Bedeutung; sie schwebt zwischen 5.000 und 6.000 Eimer [historisches österreichisches Weinmaß, 1 Eimer = 56,6 Liter, also ca. 300.000 Liter] im Mitteljahr“. Im **Gerichtsbezirk Schlanders im Vinschgau** beschränkte sich der Weinbau auf die Orte **Kortsch, Schlanders, Kastelbell, Galsaun, Tschars und Staben.** Über die Güte der Vinschger Weine meint Staffler: „Obwohl der hier gekelterte Wein im Allgemeinen wegen seiner Säure, wie jener von Brixen zu manchem Bonmot Anlass gab, so kann doch dem an sonnigen Stellen von Vetzan und Galsaun gereiften die Ehre eines schmackhaften und stärkenden Getränkes nicht streitig gemacht werden.“ Die Informationen über die einzelnen Gerichtsbezirke holte sich Staffler bei seinen Amtskollegen, den jeweiligen Landrichtern.

Weinsorten und Weinpreise

Trotz des Umfangs von fünf Bänden konnte Johann Jakob Staffler in seiner Landesbeschreibung aus Platzgründen nur einen kleinen Teil der Mitteilungen anderer Landgerichte für sein Werk verwenden. Daher sollen im Folgenden Aussagen aus den Mitteilungen des Lananer Richters Josef Aigner wiedergegeben werden, welche wohl größtenteils für das gesamte Etschland zutreffen. Demnach lag der Weinpreis 1837/38 für 1 Yhrn (78 l) bei 6 Gulden. Als guter Ertrag für ein Star Land (720 m²) galten 10 Yhrn (780 l) Braschlet, was einem verhältnismäßig hoch erscheinenden Ertrag von ca. 117 hl entspricht. Die Sorten, welche angebaut wurden, waren: **Vernatsch, Lagrein, Salzen, Fraueler, Gschlafene, Versoaler und Blatterle**. Das Verhältnis zwischen Rot- und Weißweinen gibt Richter Aigner für das südliche Burggrafenamt mit 10:1 an. Landrichter Aigner geht in seinen Ausführungen auch auf die

Der Marktplatz in Kaltern in einem Aquarell von 1886: Im Bild zu sehen ist ein Pferdefuhrwerk mit Weinfässern der Kellerei Baron Di Pauli.

Produktionskosten ein. So kostete das Holz für Pergln oder Pataune für ein Jauch Weinacker (1.805 m²) 530 Gulden. Nicht ohne Brisanz sind die Aussagen, welche Aigner bezüglich des gesteigerten Weinexports nach Bayern zur Zeit der bayerischen Besetzung Tirols 1804 bis 1813 macht. Damals, als die Grenze zwischen den beiden Königreichen von Napoleons Gnaden, Bayern und Italien, am Südende von Lana verlief, erzielte der Wein derart hohe Preise wie nie zuvor und danach. So erscheint es begreiflich, dass einzelne Bauern nach dem Wiedereintreten der österreichischen Herrschaft, als die Weinpreise von 20 Gulden pro Yhrn (78 l) auf 5–6 Gulden absanken, die ganze Erhebung von 1809 als „zochete Gschicht", also als ungute und schädliche Sache bezeichneten. Als Folge der hohen Weinpreise wurde im Bezirk Lana besonders der Anbau der Vernatsch-Rebe vorangetrieben, welche zwar große Erträge ermöglichte, aber nicht immer die beste Qualität ergab. „Alles trachtet nur noch nach der Menge und nicht auf Qualität", klagt Aigner in seinen Aufzeichnungen.

Von der Türkei im Etschtal

Neben dem Weinbau werden in den Erhebungen des Landrichters Aigner aus den Jahren 1837/38 auch **Ackerbau und Viehwirtschaft** eingehend behandelt. Die diesbezüglichen Nachrichten ermöglichen es, das **bäuerliche Wirtschaften** im Etschtal in der ersten Hälfte des 19. Jahrhunderts in seiner Gesamtheit zu erfassen. Bekanntlich war es in der vorindustriellen Zeit das Bestreben eines jeden Bauern, so gut wie ausschließlich von den am Hof erzeugten Nahrungsmitteln leben zu können.

So betrug die Jahresernte an Ackerfrüchten im Gerichtsbezirk Lana damals 500 Tonnen **Türgg** (mundartlich für Mais), 350 Tonnen **Roggen,** 245 Tonnen **Schwarzplent** (Buchweizen), 200 Tonnen **Hafer,** 175 Tonnen **Weizen,** 125 Tonnen **Erdäpfel** und 50 Tonnen **Gerste,** insgesamt also 1.645 Tonnen. Der Ertrag pro Acker belief sich ca. 1,2 Tonnen. Kartoffeln wurde nicht in eigenen Feldern, sondern zeilenweise zwischen den anderen Kulturen angebaut. Der Mais, eben auch Türgg oder Türk genannt, stand mit Abstand an der Spitze der Ackerfrüchte. Er wurde in den **sumpfigen Etschniederungen** so intensiv angebaut, dass man scherzhaft von der Türkei im Etschtal sprach. Obwohl gut die Hälfte des Kulturgrundes für den Ackerbau genutzt wurde, reichten die Erträge nicht aus, um die Bevölkerung zu ernähren. Richter Aigner vermerkt, dass weitere 580 Tonnen **Getreide** zugekauft werden mussten. Auch die Viehhaltung vermochte es nicht, die Bedürfnisse abzudecken. Die guten Einkünfte aus dem Weinbau ermöglichten jedoch den Zukauf von Getreide.

Interessant sind die von Johann Jakob Staffler um die Mitte des 19. Jahrhunderts angeführten Hinweise auf den beginnenden Erwerbs-Obstbau. Bis dahin spielten die Äpfel wirtschaftlich keine Rolle. Die Bauern lebten ausschließlich vom Weinbau. Laut Staffler wurde um 1850 **Obst** gezogen, und zwar vornehmlich die Apfelsorten Weißer Rosmarin und Maschanzger. Diese wurden bis nach Wien geliefert und sehr gut bezahlt. Johann Jakob Staffler ergänzt diesen nüchternen Bericht seines Kollegen Aigner in seiner Landesbeschreibung mit einem Loblied auf die **„Edelfrüchte"** um Meran, „der schönsten Gegend des Landes, wo das liebliche Panorama der herrlichsten Schöpfungen so wunderschön, man möchte sagen zum Paradiese sich entfaltet, und Edelfrüchte aller Art in Fülle gedeihen, darunter Birnen und Äpfel der delikatesten Sorten, von letzteren besonders den edlen Maschanzger, den säuerlichen Lederapfel und den duftreichen Rosmarin mit seiner Taffet-Schale, welche als gesuchte Kaufmanns-Waare nach München, Wien, nach den norddeutschen Ländern, selbst nach Polen und Rußlands Hauptstadt gesendet werden". Nur kurz erwähnt Richter Aigner in seinen

Bauern waren Selbstversorger, weshalb neben dem Weinberg oft noch Äcker, Wiesen und Wald zum Besitz gehörten. Im Bild die Besitzungen des Fritzenhofes in Mazon um 1900.

Das gesamte Etschtal war sumpfig und wurde vor allem für Streumöser genutzt, also für die Produktion von Einstreu für die Stallungen. Im Bild das Dorf Vilpian.

Aufzeichnungen die **Seidenraupenzucht,** während der etwas zu Übertreibungen neigende Theologe und Buchautor Beda Weber 1845 schreibt: „Die Seidenraupenzucht steht in und um Lana in der schönsten Blüte und bildet heutzutage den erträglichsten Erwerbszweig. Einige Besitzer haben sich zu einer Gesellschaft vereinigt und betreiben den Handel der rohen Seide an die Handelshäuser nach Trient und Rovereto. An diese liefern die kleineren Seidenerzeuger ihre jährliche Ausbeute an Kokons zu festgesetzten Preisen ab." Als eine gute Einnahmequelle bezeichnet Aigner die ausgedehnten **Streumöser,** welche zur Allmende, also zum ungeteilten Gemeinschaftsbesitz gehörten. Sie bestanden größtenteils aus Erlenauen und Weideland und lieferten nach Aigner über den eigenen Bedarf hinaus auch für die umliegenden Gemeinden, so z. B. Ober- und Untermais, einen Teil der benötigten Streu. Diese wurde zum guten Preis von einem Gulden pro Zentner (56 kg) verkauft. Dies war der Hauptgrund, warum sich die Gemeinden Lana, Burgstall, Gargazon, Andrian, Terlan und Eppan in der zweiten Hälfte des 19. Jahrhunderts vehement **gegen die Etschregulierung** aussprachen, da „das Austreten der Etsch von Lana bis Sigmundskron für die Vegetation der Wiesen, Maisfelder und besonders der Streumöser die günstigste Folge hat und der Etsch den Charakter eines Niles im kleinen verleiht". Tatsächlich war ein Großteil des Etschtales bis zur Flussregulierung, die zwischen 1870 und 1880 erfolgte, ein riesiges Sumpfgebiet.

Das Etschtal um 1850

1847 schreibt Johann Jakob Staffler in seinem Werk „Das deutsche Tirol und Vorarlberg": „Träge treiben sich die lautlosen Wellen der Etsch vorwärts, sumpfig wird der Boden der Ebene, dumpf und krank die Luft. Das in beträchtlichen Strecken um sich greifende Moor mit seinen teuflischen Dünsten verdirbt die Lebensfrische und Gesundheit der Bewohner. Abgezehrt und ohne Wangenrot sehen die meisten wandelnden Leichen gleich." Und noch 1867 vermerkt der Tiroler Schriftsteller Ignaz Vinzenz Zingerle: „Den einzigen Misston in das anmutige Landschaftsbild bringt die weit sich ausbreitende Etsch. Einen großen Teil der Talsohle nimmt der träg dahin schleichende Fluss, nehmen die durch ihn erzeugten Sümpfe ein. Wie lange wird man noch weitgehende Talstrecken, die der besten Kultur fähig sind, ungenützt den Gewässern überlassen?"

Wie aus Sümpfen fruchtbarer Boden wurde

1767–1769 ordnete **Kaiserin Maria Theresia** an, die öden Landstriche Tirols in fruchtbaren Kulturgrund umzuwandeln. Man möge „schleinigst an die Vertheilung und Urbarmachung der Möser schreiten, und für die Regulierung der Flüsse und Bäche sorgen", lautete die diesbezügliche „allerhöchste Willensäußerung". Der größte „öde Landstrich" im ganzen Land waren die Sümpfe im Etschtal, die sogenannten Etschmöser, deren Ausdehnung um 1805 auf 3.000 ha zwischen Meran und Bozen geschätzt wurde. Die Aufteilung des bisherigen Gemeinschaftsbesitzes (**„Tail und Gmain"**) und die Zuweisung von Grundstücken an private Eigentümer sollten die Flussregulierung und Trockenlegung der Talsohle begünstigen. Der Gedanke dabei war, dass die Sümpfe eher trockengelegt würden, wenn sich die betreffenden Grundstücke in Privatbesitz befanden. 1771 wurde das „gemeine Moos" im **Überetsch und Unterland** mit rund 1.500 ha in den Gemeinden Kaltern, Tramin und Kurtatsch an die Bauernhöfe der genannten Dörfer aufgeteilt. Weitere Aufteilungen erfolgten in **Terlan,** wo 540 neue Tagmahd (97 ha) verlost

Bevor die Etsch reguliert wurde, kam es in den Tallagen immer wieder zu Überschwemmungen, wie hier bei Auer um 1882.

wurden, und in **Leifers.** In **Lana** wurde bereits 1770 eine erste Auslosung durchgeführt, wobei jedem der 51 Niederlananer Gemeindeberechtigten 3,5 Tagmahd (ca. 5.340 m²) zugewiesen wurde. Die Verlosung ging nämlich folgendermaßen vonstatten: Wie viel jeder bekam, war vorgegeben, verlost wurde der jeweilige Standort des Grundstückes. Im Zuge dessen wurde den Bauern von Tisens, Naraun und Rateis ihre seit dem Mittelalter bestehenden Weiderechte von den Talgemeinden durch **Grundzuweisungen** (insgesamt ca. 70 ha) abgelöst. Ihre Ablöse war notwendig, um die Grundstücke vom Gemeinschafts- in Privatbesitz überführen zu können. Solche Entschädigungen für alte Weiderechte treffen wir im gesamten Etschtal an. Das Niederlananer Dorfbuch nennt 1817 die „Beweggründe, welche die Interessenten zur Verteilung ihrer Gemeinschaft bestimmten: Dass ein gemeinschaftliches Eigentum, sei es Moos, Weidegrund oder Wald und Aue gar nicht, ein Privat-Eigenthum aber auf das höchst mögliche kultiviert zu werden pflegt. Dass nicht nur die Interessenten, sondern die ganze Gemeinde an Wohlfahrt gewinnt, weil durch die beförderten Güter das Klima gereinigt und die

Luft gebessert wird, folglich für die Gesundheit der Bewohner und des Viehstandes auch zuträglicher wird, und weil, da die meisten Interessenten ihre kultivierten Anteile in Pacht aufzulassen pflegen, dadurch der Taglöhner und ärmere Bewohner zu einem besseren Erwerb finden. Dass die hiesige Gegend immer noch zu wenig Getreide erzeugt, daher umso mehr eines Zuwachses von Wiesen und Äckern bedarf." Vorerst verhinderten allerdings die verheerenden **Überschwemmungen** von Etsch und Falschauer in den Jahren 1772, 1780, 1788 und 1790 eine Trockenlegung der Sümpfe. 1805 wurde im Auftrag von Erzherzog Johann ein umfassendes Projekt zur Etschregulierung ausgearbeitet, der sogenannte **Novak-Plan.** Dieser sah vor, die vielen „Krümmungen" der Etsch zu durchschneiden und durch den begradigten Flusslauf die Fließgeschwindigkeit zu erhöhen. Er wurde jedoch nie verwirklicht. Erst 1879 war es dann endlich soweit: Die so lange geplanten und immer wieder aufgeschobenen Arbeiten zur **Etschregulierung** begannen am 29. Dezember 1879 an der Passermündung, 1881 erfolgten der Marlinger Durchstich, der Kriegauer Durchstich bei Burgstall, der Gargazoner Durchstich, die Regulierung des Sinichbaches und verschiedene Dammverstärkungen zwischen Burgstall und Gargazon. Mit diesen Durchstichen wurde der Verlauf des Flusses begradigt und wesentlich verkürzt.

Gleichzeitig begann die Eisenbahngesellschaft Bozen-Meran 1880 mit dem Bau des linksseitigen Etschdammes. Zeitweilig standen entlang der Strecke zwischen **Meran und San Michele all'Adige** im heutigen Trentino mehr als 2.000 Arbeiter im Einsatz. Der gute Fortschritt der Arbeiten wurde 1882 durch die größte bekannte **Überschwemmungskatastrophe** in der Geschichte des Landes jedoch jäh unterbrochen. Das ganze Etschtal glich einem einzigen See, rund 10.000 ha Kulturgrund standen unter Wasser. Doch die Arbeiten wurden fortgesetzt und 12 Jahre später erfolgte am 14. Februar 1894 endlich die Abschlusskollaudierung für dieses Mammutprojekt, dessen Umsetzung eine neue Zeit für das Etschtal einläutete. Nun konnten durch die Errichtung von **Abzugsgräben**, den sogenannten Gießen, Schritt für Schritt die Sümpfe und Möser im mittleren Etschtal zwischen Meran und Bozen trockengelegt werden. Auf den **Mais**- folgte der einträglichere **Obstanbau**, der vor allem ab der Wende zum 20. Jahrhundert seine bis heute vorherrschende Rolle in der Landwirtschaft übernahm. Diese Entwicklung vollzog sich nicht sprunghaft, sondern nach und nach. Im Jahre 1900 wurden beispielsweise auf dem Ladurner-Hof in Lana 1.275 kg Mais, 625 kg Schwarzplent (Buchweizen), 550 kg Weizen, 525 kg Roggen und 260 hl Wein erzeugt, Erträge aus dem Obstbau werden noch keine erwähnt. 1925 scheinen in Lana immer noch 145 ha als Sumpf auf. Um 1905 betrug die mittlere Jahreserzeugung an Wein im Burggrafenamt rund 150.000 hl im Wert von 4,5 bis 6 Millionen Kronen. Die Weinbaufläche umfasste rund 1.500 ha, wovon zwei Drittel auf den Bezirk Meran und ein Drittel auf den Bezirk Lana entfielen. Die **Obsternte** belief sich auf rund 10.000 Tonnen, wofür die erstaunlich hohe Summe von vier bis fünf Millionen Kronen erlöst wurde. Besonders begehrt waren die feinen Tafeläpfel wie der Weiße Winterkalvill und der Weiße Rosmarin, welche nach Deutschland, England, Amerika und Russland exportiert wurden.

Die Meraner Kurtraube

„Mich hat die Sonne geboren, schön und lieblich auserkoren." Diese Liebeserklärung an das Burggrafenamt steht nicht in einem modernen Tourismusprospekt. Sie wurde um 1750 vom Meraner Humanisten Johann von Hebenstreit verfasst. Etliche Jahrzehnte später konnten sich immer mehr Gäste aus aller Herren Länder persönlich vom Wahrheitsgehalt dieser Aussage überzeugen. Einen maßgeblichen Aufschwung erfuhr der aufstrebende Kurort durch die Anbindung an das moderne **internationale Verkehrsnetz.** 1867 wurde die Eisenbahn über den Brenner gebaut, 1881 fuhr der Zug erstmals in den neu erbauten Meraner Bahnhof ein. Nach und nach drückten sich mehr oder weniger alle gekrönten Häupter Europas und in ihrem Gefolge der Geldadel und das gehobene Bürgertum die Klinken der Hotels und Pensionen in die Hand, welche wie Pilze aus dem Boden schossen. Auch zahlreiche Dichter und Schriftsteller von Paul Heyse und Arthur Schnitzler über Gertrud von Le Fort, Rainer Maria Rilke, Thomas Mann und Christian Morgenstern bis hin zu Franz Kafka suchten die Passerstadt auf. Natürlich war das österreichische Kaiserhaus besonders stark vertreten. Kaiserin Elisabeth gehörte sozusagen zu den Dauergästen der Passerstadt. Als Geburtsjahr des **Meraner Kurwesens** gilt das Jahr 1836, als der Hausarzt der Fürstin

Beim alljährlichen „Traubenfest“ in Meran erinnert die überdimensionale Vernatschtraube an die im 19. Jahrhundert beliebten Traubenkuren.

Schwarzenberg, Johann Hueber, ein Büchlein über die Heilkraft des hiesigen Klimas veröffentlichte und auf den hohen Gesundheitswert hinwies, den neben Molke- und Mineralwasserkuren der Verzehr der hier wachsenden Trauben für Hals-, Lungen- und Herzkranke besitzt. Die **„Meraner Traubenkuren“** gehörten in der Folge zum fixen Bestandteil des Kurangebotes.

Wellness um die Jahrhundertwende: Meraner Traubenkur

Der in Südtirol wirkende Theologe und Schriftsteller Beda Weber beschreibt die beliebte Kur in seinem 1845 erschienenen Buch „Meran und seine Umgebungen. Oder: Das Burggrafenamt von Tirol. Für Einheimische und Fremde“ ausführlich:

„Man ißt die Beeren ohne Bälge, welche leicht Blähungen bewirken, öfter des Tages, aber nie viel auf einmal, und in der Regel vormittags. Die beste Traubenart zu diesem Zwecke ist die rote Farnatschtraube, die saftreichste, frühreifste. Zum Essen sind die Trauben von Meran gesuchter, als selbst die des tieferen Etschlandes, da sie größeren Reichtum an reinigenden Säften besitzen. Die Traubensäfte wirken auflösend, kühlend, nährend, sie sondern die Galle ab, und besiegen oft hartnäckige Hinterlagen von schädlichen Stoffen im Unterleibe. Blutfülle des Unterleibs, Gelbsucht, Leber- und Milzanschoppungen, Goldaderbeschwerden, Verschleimungen und verwandte Leiden verschwinden nicht selten ganz und blei-

Frauen beim Binden der für den Export bestimmten Meraner Kurtrauben, Lana 1906.

bend, wenn man die Kur mit Geduld durch längere Zeit fortsetzt. Da man die Trauben auch aufbewahrt, so kann man sie bis Weihnachten essen, und die Heilung vollständig machen."

Bei der von Beda Weber genannten **„Farnatschtraube"** handelt es sich um Sorte Großvernatsch, deren großbeerige Früchte sich durch eine dünne Schale, vor allem aber durch das weiche, saftige Fruchtfleisch auszeichnen. Neben Kalium, Natrium, Kalzium und Magnesium gehören auch die Vitamine A, C und B2 zu ihren wichtigsten Inhaltsstoffen. Während einerseits die sprunghaft ansteigende Bautätigkeit vor allem in Unter- und Obermais die Rebflächen spürbar verringerte, stieg andererseits der Absatz des Meraner Weines bedeutend an. In der zweiten Hälfte des 19. Jahrhunderts entstanden vor allem bei diversen Schlössern wie Rametz, Schenna, Goien, Trauttmansdorff, Baslan, Lebenberg und Brandis Musterbetriebe, in denen neue Rebsorten in Südtirol eingeführt wurden. So spielten die Traube und der Wein für das Werden und Wachsen der **Kurstadt Meran** eine grundlegende Rolle. Zahlreiche Dichtungen rühmen „der Rebengärten Überschwang" (Paul Heyse) einer Landschaft, die „trunken von edlem Wein" (Gertrud von Le Fort) selbst einen Franz Kafka zum Ausruf verleitete: „Was für ein Land ist das!"

Aufbruch in die Gegenwart

Vom Rebensterben und neuen Rebsorten

Das Auftreten bislang unbekannter, aus Amerika eingeschleppter **Rebenerkrankungen** stürzte den Südtiroler Weinanbau in der zweiten Hälfte des **19. Jahrhunderts** in eine nie da gewesene existenzielle Krise. 1851/52 trat erstmals der **Schimmelpilz** (Echter Mehltau oder Oidium) in den heimischen Weingärten auf. In kürzester Zeit waren mehr oder weniger alle Rebflächen davon befallen. Riesige Ernteausfälle waren die Folge. In Kaltern wurden z. B. 1853 statt der üblichen 42.000 Yhrn nur mehr 2.700 Yhrn eingebracht! So blieb es viele Jahre lang. Erst ab 1860 konnte der Schimmelpilz durch die Ausbringung von Schwefelstaub im Zaum gehalten werden. Der Agronom Ludwig von Comini erwarb sich in diesem Zusammenhang bleibende Verdienste und ist als „Schwefelapostel“ in die Weinbaugeschichte eingegangen. Kaum war diese Bedrohung einigermaßen überstanden, drohte eine weitere Katastrophe, die 1881/82 auftretende **Peronospora**. Erst 1886 gelang es, diese Pilzerkrankung mit einer neu entwickelten Kupfer-Kalk-Brühe wirksam zu bekämpfen. Zwanzig Jahre nach dem Aufkommen der Peronospora tauchte im Jahre 1901 die **Reblaus** in Südtirol auf, welche die Umstellung sämtlicher Weinreben auf resistente amerikanische Unterlagen erforderlich machte. Belief sich der durch die Reblaus verursachte Maischeausfall in Kaltern 1902 noch auf bescheidene 84 hl, so waren es fünf

Erst Ende des 19. Jahrhunderts wurde ein Mittel gegen den Falschen Mehltau gefunden: Kupfer. Inserat von 1900.

Hilfe zur Selbsthilfe ist die Grundlage des genossenschaftlichen Gedankens: landwirtschaftlicher Kurs in Meran, 1917.

Jahre später bereits 3.000 hl. Bis 1920 wurden in Südtirol 16 Millionen Veredelungen auf amerikanische Unterlagen durchgeführt, die restlichen rund 30 Millionen erfolgten bis 1950. **Rebveredelungsgenossenschaften** in den Weinbaugemeinden und eine vom Staat gewährte Steuerbegünstigung unterstützten diesen kosten- und arbeitsaufwendigen Prozess. Die Weinbauern mussten durch die Krankheiten und Schädlinge jahrelange Ernteausfälle verkraften und wurden dadurch an den Rand ihrer Existenz gedrängt. Erschwerend bei der Bekämpfung dieser Bedrohungen wirkte sich die **konservative Haltung** der Bevölkerung und von Teilen der Geistlichkeit aus, welche die Rebkrankheiten als Strafe Gottes betrachteten und die Meinung vertraten, man könne dem lieben Gott, der alles wachsen lässt (oder auch nicht), doch keinen Schwefel in die Augen spritzen. Wie wehrlos man zunächst diesen Katastrophen gegenüberstand, zeigt auch der Beschluss einer Unterlandler Gemeinde, welche die Entfernung der eben erst verlegten Telegraphenleitungen verlangte, weil diese offensichtlich für die Verheerungen im Weinbau verantwortlich seien.

Doch obwohl sich manche Engstirnigkeit und mancher Glaube und Aberglaube noch länger hielten, konnte auch im Kronland Tirol die Wissenschaft Fuß fassen. 1874 nahm die **landwirtschaftliche Landeslehr- und Versuchsanstalt** in **San Michele all'Adige** im heutigen Trentino

Die Kellereigenossenschaft St. Pauls: 1907 gegründet, werden die historischen Gebäude heute noch genutzt.

ihre Tätigkeit auf. Von ihr gingen mit den fachkundigen Direktoren Edmund Mach, Karl von Portele und Karl Mader entscheidende Impulse für die Südtiroler Weinwirtschaft aus. Die Anzahl der Schüler in San Michele stieg bis zur Jahrhundertwende von anfänglich 30 bis 40 auf 70 bis 80 pro Jahr an, sodass von 1874 bis 1899 rund 1.500 Absolventen zu verzeichnen sind. Auch der im Jahre 1888 aus dem 1852 gegründeten Landwirtschaftlichen Bezirksverein hervorgegangene **Obst-, Wein- und Gartenbauverein** Bozen entfaltete für seine 2.800 Mitglieder eine segensvolle Tätigkeit. Ab der Mitte des 19. Jahrhunderts wurden von einzelnen Weingutbesitzern **neue Rebsorten** in Südtirol eingeführt.

Besondere Verdienste erwarb sich dabei **Erzherzog Johann von Österreich,** der auf seinen Ansitzen St. Valentin in Eppan und Thurnerhof in Schenna **Ruländer, Rheinriesling** und **Weißburgunder** anpflanzte. Auf Schloss Rametz bei Meran wurden um 1860 die ersten **Blauburgunderreben** Südtirols heimisch. Überhaupt fand der moderne Weinbau neben Bozen vor allem im Umfeld der aufstrebenden Kurstadt Meran ein beispielhaftes Tätigkeitsfeld. Auch San Michele förderte den Anbau neuer Sorten. Aufgrund eigener Versuche wurden **Sauvignon blanc, Welschriesling, Cabernet und Merlot** propagiert und im Eisacktal die Umstellung auf das bis heute so erfolgreiche Sortiment an Weißweinen, namentlich Sylvaner, Müller-Thurgau, Gewürztraminer, Veltliner, Ruländer, Kerner und Riesling forciert. So ging die Südtiroler Weinwirtschaft letztendlich gestärkt aus den verheerenden Katastrophen des 19. Jahrhunderts hervor.

Weinherren und Weingenossen

Das 20. Jahrhundert beginnt also für den Südtiroler Weinbau durchaus positiv: Die großen Rebenkrankheiten sind größtenteils überwunden, dank der neuen Impulse aus der Landwirtschaftlichen Versuchsanstalt San Michele beginnen bessere Methoden im Weinacker und im Keller erste Erfolge zu zeitigen. Bis zum Ersten Weltkrieg erreicht die Anbaufläche mit **10.000 Hektar** ihre **größte Ausdehnung** in der Geschichte des Südtiroler Weinbaues.

Aber es gibt auch Schattenseiten: Die einmalige Chance bei der Umstellung auf amerikanische Unterlagen den traditionellen Sortenspiegel durch neue Rebsorten zu ergänzen, wird nicht genutzt. Es bleibt bei der alles dominierenden Sorte Vernatsch, lediglich der ertragreichere **Großvernatsch** löst den bisher vorherrschenden Kleinvernatsch ab.

Vor allem aber behält der **Handel** den Vertrieb der Südtiroler Weine weiterhin völlig in seiner Hand. Vom Mittelalter bis ins frühe 19. Jahrhundert mussten die Bauern einen erheblichen Teil der Maische an geistliche oder adelige Grundherren abliefern. Größere Produzenten und die nicht sehr zahlreichen abgabenfreien Anwesen verkauften ihren Wein an **Gastwirte**, wobei oft weite Wege in Kauf genommen wurden. 1686 liefert zum Beispiel Sigmund Teiss vom Hof am Keller in Montan zu Weihnachten 69 Yhrn (immerhin 5.382 Liter) „roten Wein“ und sieben Yhrn Branntwein an einen Wirt in Schwaz. 1786 verkauft sein Namensvetter, der Gerichtsschreiber Anton Teiss 220 Yhrn Rot-und Weißwein nach Wilten bei Innsbruck. 1650 machten sich die Erben des Montaner Weinbauern Adam Teller auf den Weg nach Klausen, Matrei, Waldrast, Mieders, Mutters, Schönberg, ins Stubai und ins Zillertal, um die gewaltige Summe von 1.112 Gulden für gelieferten Wein einzutreiben. Nach der gesetzlichen Ablöse der grundherrlichen Abgaben im

Vom Keller direkt auf die Bahn und ins Ausland: Die 1898 eröffnete Überetscher Bahn führte direkt an der Kellereigenossenschaft Eppan vorbei.

Jahre 1848 übergaben die meisten Bauern ihre Ernte an die großen Weinherren der jeweiligen Region. Deren Kellereien übernahmen die Kellerarbeit und den Vertrieb und wurden so zu alles bestimmenden Weinhändlern. Eine der bekanntesten **Weinhändlerdynastien** war die Überetscher Familie Brigl. In den Jahren 1791/92 verließen nicht weniger als 113 Weintransporte zu je 60 Yhrn ihren Hauptsitz in Girlan. Ziel der Weinfahrten waren vor allem Nordtirol und Süddeutschland. Die 1867 fertiggestellte **Bahnlinie** über den Brenner mit ihrer Verlängerung nach Meran im Jahr 1881 eröffnete neue Absatzmärkte, eine Chance, die von den Weinhändlern sofort ergriffen wurde. Nach der Eröffnung der Brennerbahn erfolgte der Weintransport zum Großteil mittels Eisenbahn. Die Bauern erhielten bei der Ablieferung der Maische eine Anzahlung, der Rest wurde erst zu Maria Lichtmess (2. Februar), Georgi (23. April) und zu Jakobi (25. Juli) des folgenden Jahres abgerechnet. Zu Jakobi war der alljährliche Weinritt üblich. Da besuchte der Weinherr bzw. Weinhändler hoch zu Ross seine zahlreichen Kunden, um offene Rechnungen zu kassieren und neue Aufträge abzuschließen. Erst zu diesem Zeitpunkt wurde der Preis für den Wein festgelegt. Die definitive Endabrechnung erfolgte zu Martini (11. November).

Mit Ochsen und Holzfässern: Maische-Fuhren vom See zur Kellerei in Kaltern, Anfang des 20. Jahrhunderts.

Die Bauern waren den großen Händlern auf Gedeih und Verderb ausgeliefert. In schlechten Jahren konnten sie nicht einmal ihre Produktionskosten decken und mussten noch froh sein, dass die privaten Kellereien ihnen überhaupt die Trauben abnahmen. Mit einer durchschnittlichen Weinfläche von einem Hektar pro Betrieb war an eine Eigenvermarktung der produzierten Weine nicht zu denken. Nicht wenige Weinproduzenten gaben die eigene Kellerwirtschaft gänzlich auf. Umso stärker wurde die Abhängigkeit von den Weinhändlern. Die Rettung lag in der Gründung von Genossenschaften zur Verarbeitung der Maische, Lagerung der Weine und deren Vermarktung. 1893 wurden gleich in drei Weingemeinden **Kellereigenossenschaften** ins Leben gerufen. Am 23. April 1893 gründeten 50 Andrianer Bauern die erste Genossenschaft des Landes. Diese konnte 1.800 Hektoliter Maische einlagern. Noch im selben Jahr entstanden die Kellereigenossenschaft Terlan mit elf Mitgliedern und 625 Hektolitern und jene von Neumarkt mit 73 Mitgliedern und 2.866 Hektolitern. 1898 folgte Tramin, 1900 zogen Kaltern und Kurtatsch nach. Bis zum Ausbruch des Ersten Weltkrieges schließen sich auch die Weinbauern von Marling (1901), St. Pauls und St. Michael in Eppan (1907) und Algund (1909) zusammen. In der großen Weingemeinde Kaltern entstehen 1906 und 1908 zwei weitere Kellereigenossenschaften.

Neben der wirtschaftlichen Abhängigkeit von den Weinhändlern waren es die damaligen Rebkrankheiten und deren Bekämpfung, die den Zusammenhalt zwischen den Bauern stärkten. „Was einer alleine nicht schafft, das schaffen viele", lautete das Credo von Friedrich Wilhelm Raiffeisen, dem Pionier des Genossenschaftswesens, dessen Ideen auch in Südtirol auf fruchtbaren Boden fielen. Neben den neu gegründeten Kellereigenossenschaften waren es die Raiffeisen Spar- und Darlehensvereine, welche seit dem Ende des 19. Jahrhunderts den Landwirten eine finanzielle Absicherung ermöglichten.

Doch der Beginn der Genossenschaftsarbeit ist schwierig. Als sieben Kellereigenossenschaften im Jahr 1900 einen angemessenen Preis zu erzielen versuchen, scheitern sie an der massiven Konkurrenz der zahlreichen privaten Händler. Auch deshalb schließen sie sich am 11. Dezember 1900 zum „Verband der Kellereigenossenschaften Deutsch-Südtirols" zusammen. In der Folge entstehen in den Weinbaugebieten weitere oft sehr kleine Kellereigenossenschaften. Als anschauliches Beispiel für die Entwicklung im Südtiroler Genossenschaftswesen in den vergangenen hundert Jahren kann die Weingroßgemeinde Kaltern gelten. Dort wurde im Jahr 1900 die Kellereigenossenschaft Kaltern, 1906 die Bauernkellerei, 1908 die Jubiläumskellerei, 1925 die Neue Kellerei Kaltern (seitdem nannte sich die Kellereigenossenschaft Kaltern zur besseren Abgrenzung Erste Kellereigenossenschaft Kaltern) und 1932 die Kellereigenossenschaft Josef Baron Di Pauli gegründet. Innerhalb von 32 Jahren entstanden also fünf Kellereigenossenschaften. Um die Produktionskosten zu senken und die Wettbewerbsfähigkeit zu verbessern, ist man nun in den letzten Jahrzehnten südtirolweit bestrebt durch Fusionierungen größere Kellereien zu schaffen. In Kaltern beginnt die Phase der Fusionierungen 1986, als aus der Ersten und der Neuen Kellereigenossenschaft die Erste+Neue Kellereigenossenschaft Kaltern entsteht, in welche 1991 auch die Kellereigenossenschaft Di Pauli eingegliedert wird. 1992 schließen sich die Bauern- und die Jubiläumskellerei zur Kellerei Kaltern zusammen. 2016 erfolgt schließlich die „Hochzeit" der beiden verbliebenen Genossenschaften: die Erste+Neue und die Kellerei Kaltern fusionieren zur Kellerei Kaltern.

Kellereigenossenschaft Andrian: die erste in Tirol

Sie gilt als die erste in Tirol, was auch aus dem folgenden Auszug aus den „Tiroler Landwirtschaftlichen Blättern“ vom November 1893 hervorgeht, der Bezug auf die rechtliche Konstituierung nimmt:

„Unsere Kellereigenossenschaft ist als die erste in Tirol im Herbst 1893 auf der Grundlage unbeschränkter Haftung mit Unterstützung des Staates und des Landes gegründet worden und gehören derselben der weitaus größte Theil aller Weingutsbesitzer in Andrian an. Es ist strengster Grundsatz der Genossenschaft, vollkommen naturreine, reelle und sorgfältigst behandelte Weine in den Handel zu bringen. Eine in jeder Beziehung reelle Gebarung der Genossenschaftskellerei erscheint auch dadurch gesichert, daß die Genossenschaft sowohl ihre finanzielle als auch technische Gebarung unter die Controlle der 1. Sektion des Tiroler Landeskulturrates gestellt hat, welcher sich durch Revisionen von dem statutenmäßigen Vorgehen der Genossenschaft überzeugt. Die Preise, welche die Genossenschaft für ihre Weine ausstellt, sind so nieder gehalten, als es die jeweilige Maischepreise gestatten. Dieselben verstehen sich per Cassa ab Station Terlan der Bozen-Meran-Bahn: 1893 rother Tischwein 18 fl. [Gulden], 1893 Spezialwein II 20 fl., 1893 weißer Tischwein 20 fl., 1893 weißer Spezialwein 25 fl. Auch Treberbranntwein wird zum Verkauf gelangen. Leere Fässer werden, wenn gut erhalten, innerhalb zweier Monate zum Facturapreis franco zurückgenommen.
Andrian, 31. Oktober 1893
Die Genossenschaftsverwaltung“

In Andrian wurde 1893 die erste Kellereigenossenschaft Tirols gegründet, im Bild das Ehrendiplom der Reichs-Sortenweinkosten in Wien 1909.

Weinbau in Zeiten von Diktatur und Krieg

Mit der Gründung von Kellereigenossenschaften begannen sich die Südtiroler Weinbauern aus der Abhängigkeit von privaten Weinhändlern zu befreien. Die nächste Katastrophe stand aber bereits vor der Tür: Der **Erste Weltkrieg** kostete bis zu seinem Ende 1918 nicht nur 24.000 Tirolern das Leben, die Niederlage Österreichs hatte zur Folge, dass die südlichen Landesteile – also das heutige Trentino und Südtirol – nach 555 Jahren Zugehörigkeit zum Habsburgerreich im Friedenverstrag von St. Germain 1919 an **Italien** abgetreten werden mussten. Für den nun Südtiroler Weinbau bedeutete dies den Wegfall der traditionellen Absatzmärkte in Österreich-Ungarn und Bayern, die nun jenseits der Staatsgrenze lagen und mit Zollabfuhren belegt waren. Im neuen Inland Italien hingegen bestand bereits eine Überproduktion an Weinen, sodass dort die Südtiroler Weine kaum Absatz fanden. Das Weinland Südtirol musste ums Überleben kämpfen.

Die 1920er-Jahre gestalteten sich daher äußerst schwierig, wenn auch technische Neuerungen die Arbeit erleichterten und die Erntemengen ansteigen ließen. So war 1921 ein gutes Erntejahr, aber die Preise waren im Keller. Für ein Hektoliter Weißwein wurden 120 bis 140 Lire bezahlt, beim Rotwein waren es 125 bis 160 Lire. Erst 1924/25 zog der Weinexport zaghaft wieder an. Ab den 1920ern begann die Betonsäule die traditionellen Kastaniensäulen abzulösen – für das Landschaftsbild eine Beeinträchtigung, für die Bauern eine enorme Ersparnis über Jahrzehnte. 1923 installierte der Technikpionier Emil Mach in St. Magdalena bei Bozen die **erste Beregnungsanlage im Weinbau in Europa**. So konnten nun trockene Sonnenhänge bewässert werden, die bisher nicht wie über die im Vinschgau üblichen Waale mit Wasser versorgt wurden.

Während der zwanzigjährigen Herrschaft des **Faschismus** von 1922 bis 1943 wurde ganz Südtirol einer rigiden Italianisierung unterworfen. Sämtliche Spuren der deutschsprachigen Vergangenheit des Landes sollten getilgt werden, die Südtiroler zu Italienern werden. So wurden in dieser Zeit auch die Südtiroler Weine „italianisiert" und für den Export unkenntlich gemacht: Die Kellereien mussten sich ihren italienischen Charakter von der Präfektur der Venezia Tridentina bestätigen lassen, der das „Alto Adige", wie Südtirol nun amtlich hieß, gebietsmäßig

Bauern warten mit ihren Fuhren auf dem Grieser Platz beim ehemaligen Sitz der Kellereigenossenschaft Bozen, 1939.

Deutschland war immer schon einer der wichtigsten Absatzmärkte: Viele der heutigen Kellereien waren auf der Weinschau in München 1931 vertreten.

Neue Holzfässer waren ein Kapital: Im Bild Weinfässer in Girlan, 1925.

zugeordnet war. Der Geschäftsverkehr durfte nur mehr in italienischer Sprache abgewickelt werden, bei den spärlichen Sprachkenntnissen der Südtiroler Genossen ein schwieriges Unterfangen.

Die **Weltwirtschaftskrise** nach dem Schwarzen Freitag vom 25. Oktober 1929 tat ein Übriges. Der Absatz brach dramatisch ein, die Weine mussten unterhalb der Produktionskosten verkauft werden. In den Weinbergen werden als Selbsthilfemaßnahme Mais, Weizen und Kartoffeln angebaut, um das Überleben der Bauernfamilien zu sichern. Viele Bauern stellten von Wein- auf Obstanbau um. Damit begann eine Entwicklung, welche die nächsten Jahrzehnte nachhaltig prägen wird und letztendlich zu einer Halbierung der Rebflächen in ganz Südtirol führt. „Hilfe" kommt vom nationalsozialistischen „Verein für das Deutschtum im Ausland", der ab 1935 das Deutsche Reich zu massiven Ankäufen von Wein und Obst aus Südtirol veranlasst. Dadurch kann sich die Wein- und Obstwirtschaft kurzzeitig stabilisieren. So betrugen zum Beispiel in Montan die Kosten für die Bewirtschaftung von einem Hektar Weingarten im Jahr 1939 rund 4.370 Lire, der Durchschnittserlös aus dem Weinverkauf lag bei 8.000 Lire, sodass ein Reingewinn von 3.640 Lire zu verzeichnen war. Trotzdem überlebten die Genossen-

Unter dem Faschismus wurde aus jeder Kellereigenossenschaft eine „Cantina sociale". Im Bild das Kellereigebäude am Bahnhof Kaltem um 1925/26.

schaften vielfach nur dank des **Idealismus einzelner Funktionäre**. In Nals rettete beispielsweise der Obmann des Aufsichtsrates, Johann Erschbamer, die junge Genossenschaft vor dem Konkurs, indem er bei der Bank mit seinem privaten Geld einsprang. Viele Höfe wurden in diesen wirtschaftlich und politisch schwierigen Zeiten versteigert. Schließlich spaltete auch noch die **Option** die bäuerliche Welt. Bis zum Jahresende 1939 mussten sich die Südtiroler nach dem Willen der Diktatoren Hitler und Mussolini entscheiden, ob sie italienische Staatsbürger sein oder ins Deutsche Reich auswandern wollen. 86 % der Südtiroler votierten gegen die faschistische Unterdrückung und für (Nazi-)Deutschland. So übersiedelte im Dezember 1939 auch der bisherige Pächter des der Kellereigenossenschaft Marling zugehörigen Gasthauses „Albergo Kröss" ins Deutsche Reich und verlangte von der Genossenschaft eine Entschädigung für von ihm getätigte Investitionen. Solche Fälle gab es zuhauf, sodass die Genossenschaften unter zusätzlichem wirtschaftlichem Druck standen. Zudem vernachlässigen viele Genossenschaftsmitglieder die Arbeit in den Weinbergen. Wozu noch schuften, wenn man eh bald die Heimat verlassen muss? In diesen Jahren schrumpfte die **Rebfläche** Südtirols von 10.440 Hektar vor dem Ersten Weltkrieg bis

1920 auf 9.100 Hektar und bis 1940 auf 8.700 Hektar. Die produzierte Weinmenge ging von 400.000 Hektolitern im Jahre 1910 auf 244.000 Hektoliter im Jahre 1940 um fast die Hälfte zurück.

Der **Zweite Weltkrieg** kostete über 8.000 Südtirolern das Leben. Die Männer waren an der Front, die Bauernhöfe wurden oft allein von den Frauen bewirtschaftet. Auf die Weinwirtschaft wirkte sich der Krieg allerdings positiv aus, denn er trieb die Preise für Maische und Wein in die Höhe. Die Kellereien bekamen je nach Qualität zwischen 700 und 950 Lire pro Hektoliter bezahlt. Es blieb jedoch bei temporären Erfolgen, die durch die Geldentwertungen auch nur provisorischen Charakter hatten. Auch brachte so mancher Verkauf keinen Gewinn: Die Kellereigenossenschaft Marling musste zum Beispiel im Bilanzjahr 1945/46 unter dem Posten „Wehrmacht" 18.120 Lire als uneinbringlich abschreiben.

Nach dem Krieg sind die Weine aus Südtirol vor allem im deutschsprachigen Ausland bald wieder sehr gefragt, die traditionellen Exportmärkte für Fassweine werden zurückerobert. Anfang der 1950er-Jahre werden 323.000 bis 383.000 Hektoliter Wein erzeugt. Einsamer Spitzenreiter bleibt die ertragreiche Vernatsch-Rebe. Der **Vernatsch** stellt in den Jahren 1950 bis 1952 den überwiegenden Teil der Weinernten, nämlich 62 %. Weit abgeschlagen folgen Weißburgunder (9 %), Lagrein (8 %), Blauburgunder und Cabernet (5 %), Merlot und Ruländer (Pinot Grigio) zu jeweils 4 %, Welschriesling (3 %), Sylvaner und Traminer (2 %) sowie Weißterlaner und andere Rot- und Weißweine zu einem Prozent.

Klasse statt Masse: auf dem Weg ins Heute

Die Südtiroler Weinwirtschaft war nach 1945 auf die Massenproduktion von Rotweinen ausgerichtet, vor allem des autochthonen Vernatsch-Weines. 1970 lag der Anteil am Sortenspiegel bei 65,8 %, also noch höher als in den 1950er-Jahren. Die nächsthäufigste Rotweinsorte Lagrein erreichte 7,7 %, die wichtigste Weißweinsorte Weißburgunder 9,1 %. Noch 1982 nahmen Vernatsch-Reben 3.309 von insgesamt 3.996 Hektar Rotweinfläche ein, was einem Anteil von 82 % entspricht. Dem Vernatsch blieben vor allem die sonnigen Hanglagen vorbehalten, die Weißweine pflanzte man in der Talsohle. Der Vernatsch dieser Jahre war ein relativ

Weinernte 1973: Lange wurde noch gewimmt wie im 19. Jahrhundert.

billiges **Massenprodukt**. Er wurde vorwiegend in Ein-Liter-Flaschen abgefüllt, sogar Zwei-Liter-Flaschen waren im Umlauf. Im Jahr 2000 kostete die Flasche 6.000 bis 7.000 Lire. Nur der St. Magdalener erreichte unter den Vernatsch-Lagen Preise um die 10.000 Lire. Neben diesem seit alters hochgeschätzten Bozner Lagenwein verzeichnen auch die Vernatsch-Weine am Kalterer See hervorragende Qualitäten. Das Problem war, dass wesentlich mehr **„Kalterersee"-Weine** verkauft als dort erzeugt wurde. Es gab Kellereien, die sich massenhaft billigen Wein aus italienischen Regionen holten, um ihn dann mit Fantasienamen als Kalterer oder Südtiroler Wein zu verkaufen. Laut der Handelskammer Bozen wurden in einem Jahr 1,4 Millionen Hektoliter Wein ausgeführt, aber nur 0,6 Millionen produziert. In Fässern und in Tanklastzügen wurden die Weine in die Schweiz, nach Österreich und nach Deutschland geliefert. Obwohl es sich um Massenware handelte, fanden die Vernatsch-Weine von 1950 bis 1970 gerade im deutschen Sprachraum große Verbreitung. Dies war vor allem dem Tourismus geschuldet. Ab Mitte der 1950er-Jahre wurde Südtirol zunehmend zum bevorzugten **Urlaubsland** der Bundesdeutschen. Die Anzahl der Übernachtungen stieg von 2,7 Millionen im Jahr 1955 auf 10 Millionen im Jahr 1970. Den im Urlaub verkosteten süffigen Roten wollte man auch zu Hause nicht

Wiederentdeckung der Tradition: Der biodynamische Anbau lässt wieder die Kühe in den Weinberg.

missen. Durch diese Vernatsch-Schwemme erhielt Südtirol in den 1960er- und 70er-Jahren das wenig schmeichelhafte Etikett, ein billiges Massenrotweinland zu sein. Immerhin konnte sich die Weinwirtschaft damit über Wasser halten. Erst ein neues Konsumverhalten im In- und Ausland ermöglichte schließlich eine schrittweise Umstellung auf Qualität. Zu diesem Umdenken trugen auch die **Weinskandale** bei, welche in den 1980er-Jahren Italien, Österreich und Deutschland erschütterten. Sie hatten unter anderem zur Folge, dass der Verkauf von Wein in Tanks völlig zusammenbrach. Rückblickend kann die Zeitspanne von 1950 bis 1995 als Durststrecke im Südtiroler Weinbau bezeichnet werden. So sank bis 1995 die Rebfläche mit 4.945 Hektar auf ein historisches Tief. Zahlreiche Betriebe hatten von Wein auf Obst umgestellt, wo die Rendite pro Hektar zeitweise doppelt so hoch lag wie im Weinbau. Die überall neu angelegten Beregnungsanlagen ermöglichten es auch dort Äpfel anzubauen, wo früher nur die Rebe in Frage kam.

Die Trendwende von Masse zu Klasse begann im Weinbau mit vorerst kleinen Schritten schon in den 1970er-Jahren. Im **Weinberg** wandelten sich die Böden vom nackten Erdreich zu einer Dauerbegrünung mit einem breiten Artenspektrum. An die Stelle chemischer Mittel traten

Tradition ganz modern: Die besten Tropfen reifen nach wie vor in Holzfässern wie im Bild bei der Kellerei Meran.

in der Schädlingsbekämpfung organische Fungizide, denen später das biotechnische Verfahren der Verwirrung und der Einsatz von Kupferpräparaten folgten. Ab der Mitte der 1990er-Jahre setzte sich die Spaliererziehung bei 90 % der Neuanlagen durch. Viele dieser Neuerungen wurden vom Südtiroler Beratungsring für Obst- und Weinbau initiiert, der seit 1966/67 eigene Weinbauberater beschäftigt. Wesentlich zur Qualitätssteigerung im Südtiroler Weinbau trugen die Kellereigenossenschaften bei, welche immer höhere Anforderungen an ihre Mitglieder stellten. Als Pioniere gelten Luis Raifer von der Kellereigenossenschaft Schreckbichl und Sebastian Stocker von der Kellereigenossenschaft Terlan. Auch private Winzer setzten neue Maßstäbe und übernahmen damit Vorbildfunktion. Während noch im Jahr 2000 in Südtirol 80 % der Weine in Literflaschen abgefüllt wurden, setzten Alois Lageder in Margreid und die Schwanburg in Nals schon in den 70ern auf die 7/10 Flasche. Im **Weinkeller** löste der Edelstahltank die bisher gebräuchlichen Holzfässer und mit Glasplatten ausgelegten Betontanks ab. Mit den Barriquefässern kam das Holz wieder in die Keller zurück. Wesentlichen Anteil an dieser Entwicklung hatten die 1963 gegründete Fachschule für Obst- und Weinbau und das 1975 ins Leben gerufene

Tradition verpflichtet: ein Blick ins Weinarchiv der Kellereigenossenschaft Terlan.

Landesversuchszentrum Laimburg, ein landwirtschaftlicher Musterbetrieb der Südtiroler Landesverwaltung mit angeschlossenen Versuchsanlagen und hochprofessionellem Labor. Hier wuchs eine neue Generation von fachkundigen Weinbauern heran. Der größte Wandel vollzog sich aber im **Weinsortiment**. Während noch um die letzte Jahrtausendwende der Anteil an Vernatsch bei den damals 14 Südtiroler Kellereigenossenschaften zwischen 40 und 70 % lag, verfügt das Weinland Südtirol heute gemessen an seiner Größe über eine weltweit einzigartige Sortenvielfalt. Unter den rund 20 angebauten Weinen ist der Vernatsch mit einem Anteil von 14,8 % nur mehr Primus inter Pares. Lagrein, Blauburgunder, Cabernet, Merlot bei den Roten, Gewürztraminer, Pinot Grigio, Weißburgunder, Chardonnay, Sauvignon bei den Weißen sind einige der neuen Sterne am **Südtiroler Weinhimmel**. Und sie strahlen weit über die Landesgrenzen hinaus. Obwohl Südtirol mit seinen 5.400 Hektar die kleinste Weinregion Italiens ist, überflügelt die Anzahl der Auszeichnungen sogar so prominente Weingebiete wie die Toskana oder Piemont. Keine andere Weinbauprovinz in Italien hat einen annähernd so hohen Anteil an DOC-geschützten Weinlagen (98 %) aufzuweisen wie Südtirol. Auch international rangieren die Südtiroler Weine im absoluten Spitzenfeld.

Südtiroler Weinsorten in Hektar

	1970	1990	2018
Vernatsch	3.596	2654	789
Lagrein	420	246	468
Blauburgunder	199	217	443
Cabernet	21	59	161
Merlot	119	31	187
Rosenmuskateller	12		
Zweigelt	12		
Ruländer (Pinot grigio)	133	202	629
Gewürztraminer	100	132	574
Sauvignon	7	53	393
Weißburgunder	445	543	540
Müller-Thurgau	11	142	211
Chardonnay	0	336	538
Sylvaner	99	111	73
Riesling	28	38	77
Kerner			100
Goldmuskateller			91
Veltliner			27

Folgende Doppelseite: Auf gar manchem Weinbauernhof wurde auch ausgeschenkt: Im Bild der Zottihof in Lana um 1910.

Allerlei Weingeschichten

Von Haus und Hof

Der Weinhof

„Die Grafschaft Tirol ist allenthalben in Berg und Tal schön und fürtrefflich erbauet, mit viel schönen Schlössern, hübschen gemauerten Höfen und Häusern gezieret. Es müsste gar ein armer Mann sein, der nit ein steinernes, von Grund auf gemauertes Haus hat“, schreibt Marx Sittich von Wolkenstein in seiner um 1600 entstandenen „Landesbeschreibung“. Diese Aussage trifft vor allem auf die **Weinhöfe** zu, während der adelige Chronist die einzigartige Holzarchitektur der Bergtäler zu erwähnen vergisst. Vor allem seit dem späten Mittelalter wurden die Wohnhäuser an Etsch und Eisack durchwegs als Steinbauten errichtet. 1435 erwähnt ein venezianischer Gesandter, der durch Tirol zum Konzil von Basel reiste, dass er zwischen Salurn und Meran sehr schöne Burgen und Ortschaften mit steinernen Häusern angetroffen habe. Die Anlage der **Hofstelle** richtete sich nach den Erfordernissen der Benutzer. Während bei Höfen, die gänzlich oder vorwiegend Ackerbau und Viehwirt-

Typisch für den Überetscher Stil sind Torbögen und Doppelbogenfenster wie hier bei einem Weinhof in in Unterplanitzing.

Ein Weinhof in Margreid mit typischer gemauerter Freitreppe (links) und ein historisches Bild eines Innenhofes in Eppan (rechts).

schaft betrieben, das Wirtschaftsgebäude mit Stall und Stadel dominierte, spielten diese Baulichkeiten beim Weinhof naturgemäß eine untergeordnete Rolle. Dafür kam beim Weinhof den **Kellerräumen** eine umso größere Bedeutung zu. Diese bestanden aus dem Torgglraum, der Ansetz und dem Lagerkeller und waren ebenerdig durch ein breites Tor vom Hofraum aus zugänglich. Oberhalb von Torggl und Ansetz befand sich flächengleich das über eine gemauerte Freitreppe zugängliche Wohngeschoss mit getäfelter Stube, tonnengewölbter Küche, Schlafkammern und der seit dem 16. Jahrhundert oft saalartig ausgebildeten „Labe" (Hausgang), die durch das gesamte Wohngeschoss führte und oft mit Doppelbogenfenstern abschloss. Ab dem 17. Jahrhundert wurde auch das Dachgeschoss für Wohnzwecke ausgebaut. Das Wohngebäude, der Stall und der Stadel des Weinhofes waren zur Straße hin oft durch eine Mauer („Infang") verbunden, sodass zusammen mit anderen, meist ebenerdigen Anbauten ein geschlossener Innenhof entstand, der als geschützte Arbeitsfläche genutzt werden konnte. Solche Tormauern waren besonders im Überetsch und Unterland weit verbreitet, kamen aber auch im Burggrafenamt nicht selten vor. So spiegelte sich die große wirtschaftliche Bedeutung des Weinbaues augenscheinlich in der Architektur der

Weinhöfe wider, welche nicht selten mit ihren steingerahmten Türen und Fenstern, Erkern, Wappenemblemen und Fassadenmalereien einen ansitzartigen Charakter aufwiesen. Viele von ihnen befanden sich auch tatsächlich in adeligem Besitz oder bildeten die Grundlage für den Aufstieg ihrer Besitzer in den Adelsstand.

Torggl und Ansetz

Der Torgglraum führte seinen Namen von der großen, 8–15 m langen hölzernen Weinpresse, mit der vom Mittelalter bis ins 19. Jahrhundert der Most aus der Braschlet oder aus den Trestern gewonnen wurde. Dieses schon den Römern bekannte und bei uns seit dem 13. Jahrhundert urkundlich bezeugte Gerät gehörte zur Grundausstattung eines Weinhofes. In allen Höfebeschreibungen und Inventaren des Etschtales wird eine Torggl erwähnt. Manchmal wurden auch in den Weingärten sogenannte Feldtorggeln errichtet. Angrenzend an den Torgglraum befand

Die riesige Torggl der Neuen Kellerei Kaltern wurde erst 1956 abgetragen.

Die neuen Stander in der Ansetz der Neuen Kellerei in Kaltern nach der Erweiterung 1925.

sich die Ansetz, wo in den konischen Gärfässern zu 100 bis 200 hl („Stander") der Wein heranreifte. Als beim Hasler in Marling Inventar gemacht werden musste, weil der Bauer Joseph Parth am 24. November 1809 in französischer Gefangenschaft zu Mantua verstorben war, standen in der Ansetz sechs Stander zu jeweils 50 Yhrn (3.900 l). In derselben Burggräfler Gemeinde befanden sich 1790 beim Taus in der Torggl drei Stander zu 56 Yhrn aus Lärchen- und sechs Stander zu 76 Yhrn aus Fichtenholz, insgesamt hatte man also stattliche 132 Yhrn Braschlet „angesetzt". In der Regel nahm der Torgglraum mehr als die Hälfte des Erdgeschosses in Anspruch, auch die anschließende Ansetz war geräumig. Torggl und Ansetz waren mit einer Balkendecke versehen, deren Unterzugbalken oft von einer starken, auf Stein gestellten Holzsäule getragen wurde. Die tragenden Mauern waren in Bruchsteinmauerwerk ausgeführt, das in Torggl und Ansetz oft verputzt wurde. Einen Stock tiefer befand sich der Lagerkeller, zu dem eine gemauerte Treppe hinunterführte. Zwei gegenüberliegende Maueröffnungen sorgten für einen guten Luftzug im Keller. Die Lufttemperatur lag sommers wie winters bei 8–14 °C. Der Boden war naturbelassen.

Pergl und Pataun

„Die Hügel am Fuße der Berge sind mit Wein bebaut. Über lange Lauben sind die Stöcke gezogen und die blauen Trauben hängen gar zierlich und reich von der Decke herunter. Auch in den Flächen des Thals wird der Wein in solchen eng aneinander stehenden Reihen von Lauben gebaut." Wir verdanken diese Beschreibung der **Südtiroler Pergln** keinem Geringeren als Johann Wolfgang von Goethe, der 1786 durch das Etschtal reiste. Es ist kein Zufall, dass dem Dichterfürsten und praktizierenden Weinliebhaber diese Reblauben als etwas Besonderes auffielen. Tatsächlich sind die dachförmigen Holzgerüste nur in Südtirol anzutreffen und nehmen damit eine Ausnahmestellung in der gesamten Weinwelt ein. Bereits im benachbarten Trentino waren sie nicht mehr gebräuchlich. Im bischöflichen Schloss Buonconsiglio von Trient sind auf gotischen Fresken (um 1400) bei der Darstellung der Arbeiten im Weinberg keine Pergln, sondern „Steckele-Reben" (ein Vorläufer der Guyot-Erziehung) zu sehen. Am 14. Dezember 1837 berichtet der Gutsverwalter der Grafen Brandis, Peter von Sölder: „Im Kreis Trient ist der Bau (von Rebgerüsten) viel wohlfeiler, statt der Säulen sind meist lebende Bäume und die Trager und Stallein [Gerüsthölzer] fallen ganz weg, weil der Bau nicht bogenförmig wie hier ist." Karl Theodor Hoeniger bringt die Bezeichnung Pergl mit dem lateinischen „pergula" in Verbindung, während die Wörter Pataun oder Punt, wie man in der Meraner Gegend das **Rebengerüst** nennt, vom lateinischen Wort „pons" (Brücke) abgeleitet wird. Demnach reichen Pergl, Pataun und Punt sehr weit in die Geschichte des Rebenanbaues in unserem Land zurück. Urkundlich begegnen wir der Bezeichnung **Pergl** erstmals im Jahre 1386 bei der Verleihung des Hofes Puntleid bei Felthurns, wo der Baumann verpflichtet wird, den „halben Wein" zu liefern von allen Reben, die wachsen, „es sei auf Bäumen, Stauden, Perglen oder auf Mauern". 1526 wollte der Tiroler Bauernführer und Sozialreformer Michael Gaismair in seiner Landesordnung die Weinbauern vom aufwendigen Pergl- zum Lassier-Gerüst, also einem einfacheren Rahmenbau, bekehren, womit er genauso wenig Erfolg hatte wie mit seinen anderen der Zeit weit vorauseilenden Reformen. 1548 ist in Margreid von „Wein perglen" die Rede. Die Bezeichnung **Pataun** oder Punt taucht 1525 und 1563 in Meraner Gerichtsakten

Eine Pataun-Anlage an einem Hang bei Lana, im Hintergrund die Vigiljoch-Seilbahn: Der Ortsstecken trägt den Trager des hinteren und vorderen Rebendachs.

Pergllandschaft oberhalb des Ansitzes Krafuß in Eppan, im Hintergrund der schneebedeckte Ifinger.

auf. Jahrhundertelang wurden also die Reben im Etsch- und Eisacktal als Rebenlauben gezogen, wobei es mehrere Formen derselben gab.

Holzpergln: „Für den Anblick das schönste"

Die bis 1900 allgemein übliche Holzpergl bestand im Wesentlichen aus senkrecht aufgestellten Pfählen, den ursprünglich mit Weidenruten waagrecht daran angebundenen Stangen und den quer über die Stangen liegenden Hölzern. Auf diese Weise wurde ein Gerüst erstellt, an dem sich die Rebe emporranken und als Laubdach ausbreiten konnte. Die geschlossene Doppelpergl hatte in der Mitte einen First, von dem die Flügel schräg nach unten gerichtet waren, die offene Doppelpergl war hingegen in der Mitte vertieft und die Flügel führten nach oben. Der Bogen überspannt die Wege wie ein Dach. 1905 schrieb der österreichische Schriftsteller Ludwig von Hörmann über diese Rebenbögen: „Diese Art von Ganzlauben ist für den Anblick die schönste und gewährt besonders in der Meraner Gegend, wo diese Laubengänge sehr hoch sind, eine verlockende Promenade."

Kastanienhain bei Galsaun: Das Weingartholz lieferte vorwiegend die Edelkastanie.

Weingartholz

Der Nachteil der Pergln und Pataune war der große Holzaufwand, der für ihre Konstruktion benötigt wurde. Für die im Erdreich festgemachten Säulen und Stecken wurde das haltbarste Holz verwendet, nämlich das der wilden **Edelkastanie**. Durch seinen hohen Gehalt an Gerbsäure (Tannin) mussten die „keschtbamigen" Säulen erst nach 30 und mehr Jahren durch neue ersetzt werden. Jahrhundertelang waren die Kastanienbäume wegen ihres Weingartholzes mindestens ebenso geschätzt wie wegen ihrer süßen Früchte. Deshalb finden wir die Edelkastanie auch stets in der Nachbarschaft der Weinrebe. Noch heute schmücken über 50.000 dieser schönen Bäume die Landschaft an Etsch und Eisack. Außer dem Holz der wilden Kastanie gelangte auch Fichten- und Lärchenholz zum Einsatz. Es wurde vor allem für die „Trager" und „Stangen" verwendet, die das „Dach" der Reblaube stützten.

Grabstein des Bauern vom Khesstenpamhof in Untermais an der Meraner Pfarrkirche, 1597.

Das **Lärchen- und Fichtenholz** kam, wie bereits Marx Sittich von Wolkenstein um 1600 berichtet, von den höher gelegenen Waldgebieten aus dem Ulten- und Passeiertal, vom Tschöggl- und Reggelberg, vom Ritten und aus dem Eggen- und Fleimstal. Der Verkauf des Weingartholzes stellte für die Bauern dieser Gegenden eine beachtliche Verdienstquelle dar. Auch die **„Feler“** (einjährige Triebe der Goldweide) zum Befestigen der Perglhölzer und zum Anbinden der jungen Rebtriebe kamen teilweise aus höher gelegenen Gebieten. Gegen Ende des 19. Jahrhunderts wurde die Holzpergl von der **Drahtpergl** abgelöst, wobei ein Eisendraht die horizontalen Dachhölzer ersetzte. Seit 1960 traten Betonsäulen an die Stelle der tragenden Holzsäulen. Inzwischen haben vor allem bei Neuanlagen Drahtgerüste die alten Pergln und Pataune weitgehend abgelöst. Lediglich die Vernatschrebe wird auch heute noch gerne auf Pergln gezogen. Schon vor über 40 Jahren schrieb Matthias Ladurner-Parthanes in seinem Standardwerk zum Südtiroler Weinbau: „Wir wissen nicht, wie lange wir unseren Hochbau mit Pergl, Punt und Bogen noch haben werden. Wir wissen bloß, daß diese Rebenlauben es sind, die wesentlich das Gesicht unserer Landschaft formen.“

Kein Wein ohne Kastanienholz

Neben dem Wein prägen die Edelkastanien die traditionelle Kulturlandschaft an Etsch und Eisack. Manche der „Keschtnwaldelen" (Kastanienhaine) sind so alt wie die darunter- und danebenliegenden Siedlungen mit ihren rätisch klingenden Namen wie etwa Tiss und Tötschling, Glaning und Galsaun, Völlan und Vetzan, Seit und Signat, Kortsch und Kampenn, die sich überall dort finden, wo Wein historisch angebaut wurde. Und tatsächlich werden wohl schon die Gründer dieser Dörfer die Früchte der Kastanien nicht verschmäht haben. Die Südtiroler **Weinbauern** waren von Anfang an auf das haltbare Holz der „Keschtnbäum" angewiesen, um ihre Pergln und Pataune aufrichten zu können, weshalb es keinen Hof bis auf etwa 900 m ü. d. M. gab, der nicht von etlichen Kastanienbäumen umrahmt wurde. In das Licht der schriftlichen Überlieferung traten die „Köschten" allerdings erst im Mittelalter. „Chestenboum" hieß um 1280 eine Flur bei Riffian und etwa zur gleichen Zeit tauchten die Kastanien in den Rechnungsbüchern der Tiroler Landesfürsten auf. Seitdem lesen wir immer wieder und allerorten von **Hof- und Flurnamen,** die sich auf die Kastanie beziehen. Etliche Höfe im Etsch- und Eisacktal tragen die schönen Namen „Keschtbamer" und „Köstenholzer" und der Hinweis auf „Köschtbam", „Köschtnwald" und „Köschtnholz" fehlt selten einmal in den alten Hofbeschreibungen und Inventaren. Daraus können wir entnehmen, dass den Kastanien eine ganz besondere **Wertschätzung** entgegengebracht wurde. Diese zeigt sich auch etwa darin, dass 1577 der Oberdorner in Algund gerügt wurde, weil er „sechs große Köstenstäm" gefällt hatte, oder dass 1839 der Vormundschaftsverwalter des Untermayergutes in Marling gerichtlich belangt wurde, weil er „den größten Kastanienbaum, der 2 Star [etwa 70 kg] Kastanien abwerfe und auf 100 Gulden geschätzt werde, geschlagen und verkauft habe". 1637 sicherte der Weinreichbauer seiner Mutter u. a. „4 Star Kesten" für ihr Ausgedinge zu. Wie wir aus unzähligen Inventaren wissen, bildeten die Kastanien einen festen Bestandteil der bäuerlichen Verpflegung. Im Unterschied zu anderen Früchten konnten die „Köstkearn" das ganze Jahr hindurch verwendet werden. Beim Noafer in Glaning lagerten im Jahr 1744 Kastanien im Wert von 15 Gulden, was in etwa jenem von ca. 40 kg Speck entsprach. Als begehrte Leckereien

wurden in der Pfarre Meran anlässlich des Festes Christi Himmelfahrt 1559 „Kösten an Schueler“ verteilt. Wie schon erwähnt, verstand man früher keinen Spaß, wenn die kostbaren Kastanien „entfremdet“, also von Unbefugten aufgelesen wurden. So entnehmen wir beispielsweise dem Kastelbeller Gerichtsbuch von 1532, dass vier gestandene Bauersfrauen sogar eingesperrt wurden, weil sie „muetwillig und fräfentlich Kesten unter den Pämen aufgeklaubt haben“. Und noch im Jahre 1918 geschah es, dass beim Losmann in Signat ein k. u. k. Soldat vom Hofknecht erschossen wurde, weil er Kastanien aufsammelte. In seiner Tasche fand man ganze zwei Kastanien.

Wasser-Wosser

Der beste Wein wächst, wo der Himmel wässert und die Hasen düngen“, lautet ein alter Spruch. Leider „wässert“ der Himmel in Südtirol zu wenig oder zumindest nicht überall genug. So vor allem im Vinschgau mit kaum 500 ml pro m^2 **Niederschlag** im Jahr. Auch im Etschtal reicht die natürliche Niederschlagsmenge von durchschnittlich 800 ml nicht aus, um eine gute Ernte zu garantieren. Dazu kommt, dass sich die Niederschläge nicht gleichmäßig über die Vegetationsperiode verteilen, sodass längere Trockenzeiten eine Verlangsamung oder gar ein Aussetzen des Wachstums zur Folge haben. Abhilfe gegen zu große Trockenheit kommt von den **Waalen.** Dieses weitverzweigte Netz von Kanälen leitet Wasser viele Kilometer weit von Flüssen und Bächen zu den Feldern. Doch es ist ein besonderes Wasser, nämlich „Wasser-Wosser“, wobei mit „Wassern“ das Bewässern gemeint ist, und „Wosser“ im Dialekt Wasser bedeutet. Dieses wohl eindrucksvollste Bewässerungssystem der Alpen ist vermutlich so alt wie der landwirtschaftliche Anbau selbst. Das Wort „Waal“ kommt vom rätoromanischen „aual“ (oval) bzw. vom lateinischen „aqualis“ (Wasser- bzw. Wasserkrug). Tatsächlich kann man davon ausgehen, dass die ersten Waale bereits in vorrömischer Zeit angelegt worden sind. Bei Pfatten im Bozner Unterland wurde ein mit

Links: Heute noch prägen rund 50.000 mächtige Edelkastanien das Landschaftsbild an Etsch und Eisack.

200 Waale mit einer Gesamtlänge von über 1.000 km versorgten die Weingüter mit Wasser-Wosser, im Bild eine Sperre beim Marlinger Waal.

Steinen eingefasster Kanal aus dem 6. Jahrhundert v. Chr. ausgegraben, während bei Lichtenberg im Vinschgau in einem Waal eine römische Münze gefunden wurde. Urkundlich erwähnt werden die Waale jedenfalls seit dem Mittelalter.

Die ältesten Waale Südtirols

1165 ist vom Lautinigwaal in Laatsch die Rede. 1227 übergibt Graf Ulrich von Ulten dem Kloster Steingaden einen Hof in Obermais mit Wasserrecht aus dem Hagenbach, von dem 1282 auch das Kloster Stams einen „Wasserwal" ableiten darf. Der Tiroler Landesfürst Meinhard II. notiert um 1280 in seinen Rechnungsbüchern wiederholt Ausgaben für den Bau von Wasserkanälen. 1295 wird in Mais ein Weingut angrenzend an den Tragwaal mit einem Wasserrecht verkauft („ora aquarum, quod vulgo dicitur Wasserweile"). Seit dem 14. Jahrhundert finden wir

Die Baugeschichte des Algunder Waales reicht ins 13. Jahrhundert zurück.

im Burggrafenamt und Vinschgau mehrere heute noch bestehende Waale erwähnt, so 1333 den Plarser und Algunder Waal, 1372 den Mareinwaal bei Latsch, 1436 den Kortscher Etschwaal, 1462 den zum Schloss Auer führenden Waal in Dorf Tirol, 1472 den Neuwaal in Obermais. Im 15. Jahrhundert kommen der Partschinser Waal und der Tscharser Waal dazu. Im 18. Jahrhundert wird der Schennaner oder Verdinser Waal erbaut. 1734 wird der Algunder Waal bis Gratsch verlängert und 1737 mit dem Bau des Marlinger Waales zwischen der Töll und Lana begonnen. Die letzten neu angelegten großen Waale sind der Brandis-Waal in Lana (1835) und der Latschander Waal bei Kastelbell (1837).

Insgesamt weist der Landeskundler Hanspaul Menara in seinem Standardwerk über die Südtiroler Waale rund 200 solcher Wasserführungen mit einer Gesamtlänge von über 1.000 km nach. Der weitaus größte Teil davon (174 Waale) befindet sich im Vinschgau und im Burggrafenamt.

Die Nutzung der Waale war und ist durch Wasserrechte genauestens geregelt. Diese sind in den Dorfrechten und eigenen **Waal-Ordnungen** seit dem Mittelalter verzeichnet und bestimmen genau, wer wie lange Wasser auf sein Feld ableiten darf. So heißt es zum Beispiel in den Dorfbüchern von Dorf Tirol (1462) und ähnlich in Kuens (1534): „Item so ist ausgemacht worden, dass der, an dem die Rod [Stundeneinteilung der Bewässerung] ist, sei es wer es wolle, allweg ein gut Waalwasser gehen lassen soll bei Tag und bei Nacht, und wer solliches nit tät, der soll darum gestraft werden um fünf Pfund Berner. Desgleichen soll kein Nachbar, seine Weiber oder Dirnen im Tragwaal vor Sonnenaufgang nit waschen. Es soll auch niemand kein unsaubers Geschlänz oder Prunzkachl [Abwasser oder Nachttöpfe] darin schütten bei der oberwähnten Straf." Für die Überwachung der Waalordnung und die Instandhaltung der Waale waren die sogenannten Waaler zuständig, welche von der Dorfgemeinschaft beauftragt wurden. Interessant ist, wie in uhrenlosen Zeiten die Rod bestimmt wurde. Dabei richtete man sich nach dem Licht- und Schattenwurf der Sonne im Gelände. Ausdrücke wie „Sunnadetsch" (Sonne auf der Etsch), „Sunnatappein" (Sonne auf den Tappeinhöfen am Vinschgauer Sonnenberg) oder „Schotaufpatsch" (Schatten beim Hof Patsch) erinnern daran.

Im Weingut

Zur Abwehr der „Patillen und Rauch-Wirbm“

Während mit den Waalen das Problem der Bewässerung gelöst werden konnte, gestaltete sich der Kampf gegen **Schädlinge** und Wetterunbilden wesentlich schwieriger. Der „Jausch“ (Schorf) setzte den Trauben ebenso zu wie die „Patillen“ (Rebstecher), die „Gossen“ (Traubenwickler) und allerlei „Rugatten und Gewürm“. „Ein Keferle, heißt Patill, tut oft großen Schaden an Weinstöcken, wenn sie im Blühen sind“, heißt es in einem Urbar des baden-württembergischen Klosters Weingarten aus der Zeit um 1500. Hilfe versprach man sich von **Bittgängen,** welche in alter Zeit in großer Zahl aus allen Weindörfern abgehalten wurden. So pilgerten beispielsweise die Bauern von Tisens – fleißig betend, versteht sich – am Mittwoch nach Ostern nach Moritzing bei Bozen „für die Abwehr der Patillen und Rauch-Wirbm so der Reb schädlich“, am Samstag nach dem Hochunserfrauentag zur heiligen Katharina nach Hafling „für die Abwendung der schädlichen Heuschrecken“ und nach

1771 machten die St. Paulser eine dreitägige Wallfahrt nach Unsere Liebe Frau im Walde, Votivbild in der dortigen Kirche.

Randleiste aus dem Ehrendiplom an Ludwig von Comini, der für seine Verdienste um den Einsatz von Schwefel zur Mehltaubekämpfung von der Gemeinde Algund geehrt wurde, 1862.

Allerheiligen am Kreuzauffindungstag in die Fahlburg „wegen der Engerling und der schädlichen Erdwürm". Auch die benachbarten Völlaner sparten nicht mit Bittgängen und Prozessionen. Einer Aufzeichnung von 1707 zufolge wurden nicht weniger als 16 Kreuzgänge unternommen, von denen die weitesten zur Riffianer Muttergottes und nach St. Gertraud in Ulten führten, wohin auch die Lananer – neben ihren Bittgängen nach St. Georg, St. Hippolyt, Gratsch, Untermais, Moritzing, St. Martin im Kofel, dem Vigiljoch und Unsere Liebe Frau im Walde – ihre Schritte lenkten. **17 Bittgänge** sind in den Agenden des Weindorfes Algund verzeichnet, so u.a. nach Meran, Dorf Tirol, Lana, St. Leonhard und Riffian. Die Schennaner zogen hingegen u.a. nach Riffian, Terlan und Unsere Liebe Frau im Walde. Die Montaner pilgerten 1755 „auf die Doss", um vor „den Patillen und anderem Ungeziefer" verschont zu bleiben. Die Bozner und Kalterer nahmen sogar den weiten Weg nach Civezzano in der Valsugana auf sich. Überhaupt zog es die Überetscher und Unterlandler mehr in den Süden, wo Trient ein beliebtes Ziel war. Aber auch Unsere Liebe Frau im Walde wurde aufgesucht. Nach dem „Messenbuch" von 1771 brachen die Bauern von St. Pauls am dritten Tage vor Mariä Himmelfahrt um 4 Uhr früh auf, hörten in Prissian eine heilige Messe und am Tag darauf wiederum um 4 Uhr früh in der Wallfahrtskirche zu Unsere Liebe Frau im Walde ein heiliges Amt. Fromme Stiftungen sorgten dafür, dass die Pilger auf ihrem Weg nach Trient und Unsere Liebe Frau im Walde mit Brot und Wein verköstigt wurden. Übrigens war es keineswegs so, dass die Leute zur Teilnahme an diesen Bittgängen gezwungen werden mussten. Diese waren im Gegenteil äußerst beliebt, boten sie doch eine der ganz seltenen Möglichkeiten, dem Alltagstrott zu entkommen.

St. Urban und andere Weinheilige

Große Bedeutung maß man den Prozessionen zu Ehren des **hl. Urban,** des obersten Weinpatrons, bei, welche in zahlreichen Weingemeinden durchgeführt wurden. In Mais bei Meran fanden gleich deren vier statt. Die Dorf Tiroler zogen mit dem traubengeschmückten Weinheiligen über den Küchelberg zum Segensbühel, während vier Saltner die Statue des hl. Urban von Marling über Baslan nach Tscherms trugen. In Feldthurns und anderswo wurde am 25. Mai, dem Namenstag des Weinpatrons, eine Urbani-Andacht mit Prozession abgehalten. Geradezu als Wunderwaffe gegen die Rebschädlinge galt der berühmte **Abtstab** des hl. Magnus, der deshalb wiederholt seine weite Reise von St. Mang in Füssen ins Etschtal antrat. Der Historiker Simon Terzer berichtet, dass dabei 1725 die Bauern von Kastelbell und Tschars den Füssener Pater Augustin mit Gewalt festhielten und von ihm die Segnung der Felder verlangten. 1674 finden wir den Stab in Kaltern, 1700 in Lana und 1756 in Kaltern und Lana. Diese Weinreisen des wundertätigen Stabes brachten dem Kloster bedeutende Spendeneinnahmen. Nur in Lana und Ulten hatten die Leute 1725 mit Opfern gespart, wie der Klosterverwalter Pautner konsterniert nach Füssen vermeldete.

Der heilige Urban gilt als Patron der Weinberge, des Weines und der Weinbauern. Im Bild ein Fahnenblatt, verwahrt im Südtiroler Weinmuseum.

Trotz all dieser Bemühungen hing der Ausgang der Ernte letztendlich vor allem vom Wetter ab. Gefürchtet waren die sommerlichen Gewitter, welche nicht selten mit Hagelschlag verbunden waren. In Auer ließ man zur „Abwehr der gefährlichen Unwetter“ 1728 vorsichtshalber gleich drei Wochenmessen lesen. Die Anzahl der überlieferten **Wetterregeln,** Wettersprüche und Lostage ist Legion.

Alte Wetter- und Bauernregeln

Januar: Zu Vinzenzi (22.1.) Sonnenschein, bringt viel Korn und Wein.

Februar: Viel Regen im Feber, viel Regen im ganzen Jahr.

März: März nicht zu trocken, nicht zu nass, füllt dem Bauern Truh und Fass.

April: Trockener April ist nit des Bauern Will.

Mai: Hat Pankraz (12.5.) einen schönen Tag, wohl der Wein geraten mag.

Juni: Wenn zu Medard (8.6.) die Sunn scheint, gibt's an guten Wein.

Juli: Sankt Magdalen (22.7.), mach's Wetter schön.

August: Was Juli und August am Wein nicht kochen, kann der September schwerlich braten.

September: Kommt Matthäus (21.9.) mit viel Wasser, ist er guten Weines Hasser.

Oktober: St. Wolfgang (31.10.) Regen, verspricht ein Jahr mit Segen.

November: Sitzt im November noch das Laub, wird der Winter hart, das glaub.

Dezember: Blast der Wind am Stephanstag (26.12.) recht, wird der Wein im nächsten Jahr schlecht.

Der Saltner

Angesichts der Bedeutung des Weinbaues nimmt es nicht wunder, dass man entsprechende Vorkehrungen traf, um die Ernte so gut wie möglich zu sichern. Dies galt vor allem für die Zeit, wo die heranreifenden Trauben nicht nur bei vierfüßigen Lebewesen wie Siebenschläfer, Dachs, Fuchs und Marder Gelüste erweckten. Deshalb stoßen wir bereits seit dem 14. Jahrhundert in den Dorfbüchern und Weistümern auf die **Saltner,** die für die Aufsicht über Gemeinschaftswälder, öffentliche Wege und Waale und eben auch für die Überwachung der Weinberge zuständig waren. Das lateinische Wort „saltuarius" für Feldhüter soll nach Karl Theodor Hoenigers „Südtiroler Weinfibel" im 9. Jahrhundert von Klosterleuten eingeführt worden sein. Die Weingartsaltner verfügten über eine besondere **Kleidung** und Ausstattung. Diese setzte sich aus kurzen ledernen Hosen, einem weißen Leinenhemd und wollenen Kniestrümpfen zusammen. Darüber trug der Saltner ein Lederwams, Hosenträger und einen breiten Ledergurt. Die Fußkleidung bestand aus festen Halbschuhen und Ledergamaschen. Um den Hals hing eine Brustkette, an der Eberzähne und andere Raubtiergebisse, geweihte Münzen und

Beim alljährlichen Fest zur „Letzten Fuhre“ im Weindorf Girlan kann man noch heute einen Saltner sehen.

sonstige **magische Gegenstände** angebracht waren. Auf dem Kopf saß ein breiter Hut, der abenteuerlich mit allerlei Federn und Tierschwänzen geschmückt war. Als Waffe und Arbeitsgerät diente dem Saltner in der ersten Zeit seines Dienstes ein langer Stock mit einer „Runggl“ (sichelähnliche Klinge mit rückwärtigem Haken), später eine martialische Hellebarde, zu der oft noch eine doppelläufige Steinschlosspistole dazukam. Daneben schleppte der Saltner noch manch anderes **Gerät** mit sich herum, etwa das geweihte Kreuzeisen und den reich verzierten „Wimmetknittel“ (Saltnerstab), der gewissermaßen das Symbol seiner Amtsgewalt darstellte. Die „Greatl“ war ein mit geheimnisvollen Zeichen versehenes „Druidenmesser“ zur Abwehr böser Geister. Zur Zeit der Weinlese hatte der Saltner natürlich auch einen Wetzstein dabei, gehörte es doch auch zu seinen Aufgaben, den Wimmerinnen zweimal am Tag die Reber zu schärfen. Die aus Holz oder Eisenblech angefertigte und bei den Zugängen zu den Weinbergen angebrachte „Saltnerpratze“ diente als Warnzeichen.

Was alte Saltnerordnungen erzählen

Die Einsetzung der Saltner erfolgte durch die Dorfgemeinschaft am Sonntag vor Jakobi (25. Juli) oder häufiger zu Laurenzi (10. August). Um „Kirchweih", den dritten Sonntag im Oktober, wenn die Traubenernte abgeschlossen war, endete der Dienst des Saltners. In vielen Gemeinden wurde anschließend eine eigene Messe, das Saltner-Amt gelesen, mancherorts spendeten die Bauern auch eine Saltner-Marende. Bevor die auserwählten Burschen oder Männer, „rechtschaffene, getreue, fromme, niechterne [nüchterne] und geschickte Bauernsöhne oder Knechte", ihren Dienst antraten, erhielten sie vom Dorfmeister eine ausführliche „Instruktion", „wie sie die Hut [Aufsicht] halten sollen bei Tag und Nacht". Hernach mussten sie „an den Stab geloben", ihren Dienst treu zu versehen, „ob sie das nicht täten, so verlieren sie ihren Lohn". Während dieser Zeit durfte der Saltner „das andere Geschlecht zu keiner Zeit besuchen und in der Hut nichts versäumen oder veruntreuen", vielmehr „alle in der ihm anvertrauten Hut befindlichen Stücke und Güter der Reichen wie der Armen sowohl bei Tag als Nachtzeit hüten". Der Saltnerlohn bestand, wie sollte es anders sein, zunächst einmal aus Wein, „lauters und dicks aus all den Stucken, die zur Huet gehören", wobei man unter der „Huet" all das verstand, was beim Vergären der Maische an der Oberfläche schwamm. Na Mahlzeit!

Bis Maria Himmelfahrt (15. August) musste der Saltner die „Eingänge und Lucken wohl verzaunet und verschlossen" halten und niemandem „eine Entfremdung von Weinpern gestatten"; davon ausgenommen war „eine schwangere Weibsperson", der durfte er „auf ihr Bitten ein oder mehrere Weinpern geben, doch nit aus einem [einzigen Grund-] Stück". Wer in den Weinbergen angetroffen wurde, hatte dem Saltner „bei Tag für jede Weinbeer drei Kreuzer und bei Nacht sechs Kreuzer" zu berappen. Haustiere konnte der Saltner um sechs Kreuzer bei Tag und zwölf Kreuzer bei Nacht pfänden, ja sie sogar „erschießen oder erschlagen, seiner Ehr ohne Schaden". Nur zum Mittagessen und Nachtmahl, für das die Bauern des beaufsichtigtem Gebiets zuständig waren, durfte der Saltner seinen Dienst verlassen. Übernachten konnte er in der Saltner- oder Weingarthütte, einer auf Holzpfählen hochgestellten Strohhütte. Keinesfalls war es ihm gestattet, „während der Hut bei

Herren oder Bauern auf dem Feld oder in den Torggeln zu arbeiten". Auch die Besitzer selbst durften vor der Erntezeit keine „Weinbeer schneiden ohne beisein des Saltners". Zur Zeit der Traubenreife wurde er von drei Bauern der betreffenden Hut „zwymal zur Nachtszeit" besucht, die seine Diensttauglichkeit überprüften. Erst während des Ersten Weltkrieges fand das traditionelle Saltnerwesen sein Ende.

Die kolorierte Fotopostkarte aus dem Jahr 1909 zeigt einen Saltner mit den typischen Insignien: den mit allerlei Federn und Tierschwänzen ausgestatteten Hut, die Brustkette mit Eberzähnen und die Hellebarde.

Vom Törggelen

Das Allerheiligste

Bäuerliches Hauswappen in Girlan aus dem 15. Jahrhundert: Ein Engel schützt das Rebmesser.

Viel war bisher von geistlichen und weltlichen Weinherren die Rede. Es ist an der Zeit, endlich auch mehr vom **Weinbauern** zu erzählen. Denn ohne ihn gäbe es auch den ganzen illustren Rest nicht. Wie schon erwähnt, saß der Südtiroler Bauer seit dem Mittelalter zu Erbrecht auf dem Hof, der somit sein Hof war, mochte der Grundherr auch ein noch so hoher Herr sein. Sein (Wein-)Adel entstammte der harten Arbeit in den sonnenheißen Weinbergen und in den kühlen Gewölben von Torggl und Keller. Der Südtiroler Weinbauer war sich seines Wertes auch durchaus bewusst. So überrascht es nicht, dass wir schon um 1380 in der St.-Georg-Kirche in Schenna neben vielen Heiligen auch einen schlichten Weinbauern mit der Hacke auf der Schulter abgebildet sehen und am Leitacher Törl an der Pfarrkirche von Bozen ein Winzer stolz sein **Rebmesser** präsentiert. Genauso selbstbewusst kennzeichnete der Südtiroler Weinbauer den Hauseingang seines Hofes oft mit bäuerlichen Wappen, in denen Reber und Weintraube, Pflugschar, Sichel und Weinberghaue abgebildet sind – so z. B. beim Ausserhofer in der Gegend bei Lana, beim Hilber in Obermais, beim Tschutscher- und Unterbuchfelder in Lajen, beim Meran in Ums oder beim Schmalz in Unterglaning. In Prösels schmücken Weintrauben einen gotischen Bildstock von 1492.

Das „Allerheiligste" des Etschländer und Eisacktaler Weinhofes war (und ist) dessen unterirdischer Teil. Die Aufforderung „Giamr in Keeler" („Gehen wir in den Keller") gilt nicht nur im Unterland als Ritterschlag für jeden Gast. Der erste Raum, den man betritt, ist die Torggl; sie wird so genannt, weil dort die gleichnamige hölzerne **Weinpresse** stand, mittels der der kostbare Saft aus den Trauben gepresst wurde.

Historische Aufnahme des Weinmesserhofes in Gratsch bei Meran. Als Erbhof kann er auf eine mehr als 200-jährige Geschichte zurückblicken.

Dies war ein unglaublich langsamer Vorgang: Die Torggl wurde zweimal am Tag mit Trauben befüllt, frühmorgens und am Abend, der Pressvorgang dauerte etwa zehn Stunden. Der frisch gepresste Traubensaft gelangte dann in die Ansetz, wo er in den Gärfässern (Standern) seine wundersame Metamorphose vollzog, um schließlich im einen Stock tiefer gelegenen Lagerkeller seiner Bestimmung als kostbares Getränk entgegenzugehen. Wie wichtig diese Arbeit und das dazu erforderliche Gerät waren, belegt die **Schätzung** der gesamten Arbeitsutensilien beim Posch in Terlan anno 1660: Von den 625 Gulden Gesamtwert fiel mit 291 Gulden fast die Hälfte allein auf die Torggl. Eine der ältesten datierten Torggeln Südtirols aus dem Jahre 1570 steht heute im Obstbaumuseum in Lana, wohin sie vom Schloss Braunsberg übertragen wurde. In Lana finden wir eine Torggl bereits 1365 bei der St.-Margarethen-Kirche erwähnt. Zwei Jahre zuvor heißt es beim Sedlhof in Niederlana, dass der Grundherr den Wein selber nehmen soll „ab der Torggl", was in einer Nalser Urkunde von 1376 wie folgt umschrieben wird: „Mein Teil an Lauteren ist mir zu antworten an der Torggl." Wie gut, wenn man sein „Lauteres" doch gleich an der Quelle anzapfen kann!

Der Ursprung des Törggelens

Wenn „der Nuie licht“ wurde, also die **Gärung** des Rebensaftes abgeschlossen war, fanden sich dereinst Bauern und Bürger – sowie nicht zu vergessen die Wirte – in der Torggl der Weinhöfe ein, um die Güte des Jahrgangs an Ort und Stelle zu überprüfen. Damit ist entgegen allen anderslautenden Gerüchten wohl klar, dass das Törggelen nichts mit einem etwaigen unsicheren Gang auf dem Nachhauseweg zu tun hat. Dem aus Unterfranken stammenden Zeichner und Schriftsteller Ernst Loesch (1860–1946) verdanken wir folgende Schilderung dieses alten Brauches aus der Zeit vor dem Ersten Weltkrieg: „Heut abend gehen wir törggelen zum Kobacher, kommst du mit?, fragte mich der Adjunkt. **Törggelen?** Was ist das? Da geht man zum Bauern und trinkt neuen Wein von seinem Eigenbau. Für einen kleinen ‚Accis‘ bekommt er die Schankgerechtigkeit. Zum Essen mußt du dir selbst etwas mitnehmen.

Beim Törggelen besucht man den Weinbauern, um den „Neuen“ zu verkosten. Eduard Thöny, der aus Brixen stammende Zeichner und einer der wichtigsten Mitarbeiter der Satirezeitschrift „Simplicissimus“, betitelte dieses Bild mit „Südtiroler Herbstbetrachtung“, 1931/32.

Um die bestimmte Zeit bummelten wir, einige Beamte und der Apotheker mit ihren Frauen, die Brennerstraße südwärts. Nach einer Viertel Stunde Wegs ging es durch ein Gatter an der Mauer. Ein Steig führte durch Felder empor zu einem Einzelhof vor der großen Felswand des Rabensteinerkofels. Wie ein Märchenbild mutete dies Haus im Grünen. Das Dach war schindelgedeckt. Zu ebener Erde führte ein großes Spitzbogentor in den Keller. Während wir es uns bequem machen an dem großen, viereckigen Tisch unter dem Herrgottswinkel, schlitzt die Schwester des Bauern draußen die Kastanien und stellt die durchlöcherte Pfanne zum Braten ans Holzfeuer. Der **Wein** – fast immer roter – ist durchsichtig und hat im Glas nur am Rande einen feinen weißen Rahm. In den hohen ‚Standern' – fast drei Meter hohen schmalen Stellfässern – liegt er noch auf den Trestern und hat einen herben, aber prickelnden Geschmack."

Als Zeichen dafür, dass im betreffenden Hof Wein ausgeschenkt wurde, diente ein Buchsbaum oder Fichtenzweig („**Buschen**"), der über dem Eingang angebracht wurde. Die alte Tradition des Törggelens wird heute noch auf vielen Höfen im Eisacktal und im Etschtal fortgesetzt.

Affen nach Hause tragen

Der ansonsten gerne etwas kritische Südtirolreisende Ludwig Steub liefert in seinem 1846 erstmals erschienenen Werk „Drei Sommer in Tirol" eine ausführliche Beschreibung des Törggelens:

„Zur Zeit, wenn der neue Wein hell geworden und in seiner Jugendblüthe am schmackhaftesten ist, gehen die ansehnlicheren Bauern zur Stadt und laden die freundlichen Herren ein den neuen Trank bei ihnen zu versuchen. Eigentlich soll dieß im Torkel geschehen und deßwegen heißt auch die lobenswerthe Übung Törkeln; doch ist's nicht weit gefehlt, wenn die Feier in der Stube vollzogen wird. Der Bauer, der die reinste Freude äußert, die Herren unter seinem Dach zu sehen, trägt dann in großen Krügen seine besten Arten auf und schenkt unermüdlich ein; die Bäuerin bringt etliche eigens aufbewahrte Trauben, volle Teller mit Kastanien, Nüssen und Äpfeln; die Kinder nahen sich allenfalls mit einem Blumenstrauße. Die Unterhaltung ist volksthümlich, heiter, lebendig. Der Bauer wird seines süßen Weines, die Bäurin ihrer schönen Kinder willen belobt; auf der andern Seite freut sich das ganze Hauswesen, daß die Herren heute so ‚gemein' [herablassend] seyen. Manchmal wird's besonders lustig und man kommt tief ins Zechen hinein, so daß um die Zeit des Törkelens viele ‚Affen' nach Hause getragen werden."

Aus Küche und Keller

Dass Essen und Trinken Leib und Seele zusammenhält, davon war man im Weinland immer schon zutiefst überzeugt. Altüberlieferte Volksweisheiten wie „Solang's in der Kuchl brinnt [brennt] und im Keller rinnt, bin i nia verzagt" oder „Wer zum Essen für nicht isch, der isch a zum Orbeten für nicht" bringen die diesbezügliche Lebensphilosophie auf den Punkt. Allerdings mussten und müssen sich die Weinbauern in den steilen Weinleiten ihr tägliches Brot (und den täglichen Trunk Wein) auch hart genug verdienen. So ist es verständlich, dass beides einen besonderen Stellenwert einnahm. Früher wurde die erste **Mahlzeit** des Tages, das „Vormes" (Frühstück), um 6 Uhr eingenommen. Es bestand aus einer Brenn- oder Milchsuppe und (oder) einem „türggenen" Mus (aus Maismehl). Um 8 Uhr folgte gewöhnlich das Halbmittag, zu dem man Roggenbrot und Käse, bei schwerer Arbeit auch Speck zu sich nahm. Dazu gab es Milch für die „Weiber" und Leps für die „Manderleut", also Wasserwein von 4 bis 5 Alkoholgraden. War man bei der **Feldarbeit,** musste die Hausdirn das Halbmittag hinaustragen, wobei sie – war sie etwas spät dran – schon sehnlichst erwartet wurde. Zwei Stunden nach dem Halbmittag folgte ein kühler Trunk, der „Zehner". Dieser wurde aber, genauso wie die nachmittägliche **Marende,** nur von „Petri Stuhlfeier" (22. Februar) bis zu „Michaeli" (19. September) gereicht. Deshalb der Spruch: „Der Michl nimmt's und der Peater bringt's." Zum Mittagessen setzte man sich um 11 Uhr an den Stubentisch. In Dorf Tirol soll es gewesen sein, dass der Bauer und die Ehehalten (Dienstboten) wie üblich Platz genommen hatten und der Dinge harrten, die da kommen sollten. Es kam aber nichts. Da sprach der Bauer: „Um Elfe wird gegessen, isch gekocht oder nicht." Diesen Spruch kann man heute noch im Burggrafenamt hören. An den Wochentagen gab es Suppe, schwarzplentene Knödel (aus Buchweizenmehl) und Kraut mit ein wenig geselchtem Fleisch, dazu im Frühling Kresse und Zichorie, im Sommer grünen Salat, im Winter Bohnen. Freitags bestand das **Mittagessen** aus schwarzplentenem Riebl (Schmarrn) oder Plent (Polenta) und Salat. Die langen Nachmittage wurden im Sommer um 13 Uhr durch einen leichten Leps, den „Oanser", und später mit der Marende auf willkommene Weise unterbrochen. Die letzte Mahlzeit des Tages, das Nachtmahl,

Wirtshausschilder

Auch in Südtirol haben sogenannte Ausleger eine lange Tradition. An der Hausmauer angebracht, sind diese Reklameschilder von Weitem sichtbar. Meist stellen sie den Wirtshausnamen symbolhaft dar, so etwa (im Uhrzeigersinn) beim Lamm in Frangart, beim Weißen Rössl in Girlan, bei der Goldenen Krone in Laas, Zum Hirschen in Eyrs und beim Schwarzen Adler in Tisens.

Beim traditionellen Törggelen in einem Buschenschank werden als Vorspeise Schlutzkrapfen, Knödel oder Nocken (im Bild) serviert.

wurde im Sommer um 19 Uhr, im Winter schon um 16 Uhr eingenommen. Sie bestand aus Gerste mit Geselchtem oder Wurst und Salat. Oft gab es auch Mus und/oder Brenn- bzw. Milchsuppe, seltener Schmarrn.

Eine besondere Stellung im Bauernjahr nahmen die vielen arbeitsfreien Tage ein. Insgesamt sind mit den Sonntagen stolze 108 Tage verzeichnet, welche bis zum Ersten Weltkrieg als **Feiertage** eingehalten wurden. Dafür betrug die Arbeitszeit in der guten Jahreszeit durchschnittlich zwölf, im Winter zehn Stunden. Diese Festtage waren mit besonderen kulinarischen Ereignissen verbunden. Es kam „grünes" (frisches) Fleisch auf den Tisch, Buchweizenknödel wurden durch Weizenknödel ersetzt, und statt des üblichen Lepses kam ein Krug „guten" Weines aus dem Keller. Zudem gab es süße Krapfen. Den Höhepunkt im kulinarischen Jahreslauf bildeten die „Bratltage" nach der **Winterschlachtung** zu Weihnachten, Neujahr und Dreikönig. Am Allerweltskirchtag, Fasnachtsdienstag (auch „Speiberchtig", also Spei-Dienstag) und Ostersonntag wurden Schinken und Schweinernes mit Kraut aufgetragen. Da konnte es schon einmal geschehen, dass so mancher mit der Zeit mehr als „genug" bekam, was ein weiterer Spruch zum Ausdruck bringt: „Was beim Maul innigeat, isch kuane Sünde, lei was außer kimp." Bei all diesen **kulinarischen Genüssen** kam auch der Wein nicht zu kurz. Wie bereits erwähnt, wurde als täglicher Durstlöscher von den Männern Leps getrunken. Ein Krug mit diesem Getränk stand überall auf den Höfen in der kühlen „Labe“ (Hausgang) bereit. Zur Feldarbeit wurde der leichte Hauswein in einem Pitterle (kleines Holzfass) mitgetragen. Wesentlich seltener kam hingegen der „richtige“ Wein auf den Tisch. Dazu bedurfte es schon eines besonderen Anlasses, etwa der erwähnten Festtage. Nur bei der anstrengenden Heuarbeit wurde statt des üblichen Lepses auch Wein getrunken.

Gasthaustradition

Seit dem 12. Jahrhundert werden Gasthöfe in allen größeren Orten (Süd-)Tirols und an den wichtigen Transitrouten über den Reschen- und Brennerpass erwähnt. Eigene Wirtshausordnungen sind seit dem 16. Jahrhundert überliefert. 1483 lobt der Mönch Felix Faber die von ihm aufgesuchten Gasthäuser im Pustertal und Eisacktal. Der berühmte Humanist und Reisende Michel de Montaigne vermerkt 1580 in seinem Tagebuch sogar: „Was die Gasthäuser angeht, so fand ich nie eine Gegend, in der sie so dicht gesät und schön waren.“ Der Mönch Gabriel Bucelin aus dem baden-württembergischen Kloster Weingarten liefert etwa hundert Jahre später eine detaillierte Beschreibung, wie es in einem (Süd-)Tiroler Gasthaus zuging: „Bei Gelagen und Mahlzeiten macht man in den Gasthöfen viel Aufwand. Man breitet ein Tischtuch auf und trägt Wein herbei. Darauf setzt man sich zu Tisch. Der Wirt lässt ein Waschbecken mit warmem Wasser auf das Schlafzimmer kommen, in dem Kräuter gekocht sind.“

1756 wird das Gasthaus Batzenhäusl erstmals urkundlich erwähnt. Ein Liter Wein kostete damals nur einen Batzen, also 4 Kreuzer.

Die Tradition der Gasthäuser lebt in Südtirol fort. An vielen Südtiroler Gasthäusern sind heute noch schöne schmiedeeiserne Wirtshausschilder aus dem 17. bis 19. Jahrhundert zu sehen.

Weinanekdoten

„Wein macht heiterer als gestockte Milch“

„Wie der Wein, so die Leut“, heißt es bei **Richard Staffler,** dem 1880 im Weindorf Rentsch geborenen und 1962 in Innsbruck verstorbenen Richter, Historiker und Volkskundler. In seinen zahlreichen Publikationen zeichnet der intime Kenner seiner Heimat denn auch ein treffendes Bild von Land und Leuten. So überlieferte er folgende Anekdote: „War da in St. Peter auf Tirol ein Bauer an der Grippe erkrankt. Hernach mochte er keinen Wein mehr. Der Franzl, sein Freund, besucht ihn und fragt: ‚Wie geht's denn, Wastl?‘ – ‚Sonst ganz gut, aber i mag halt kuan Wein mehr.‘ Und hatte ihn früher doch so gern gehabt. Schließlich sagt der Wastl: ‚Du, Franz, was muansch, wird' mir dös öpper bleib'n?‘“ Die Sorge des Wastl ist umso verständlicher, als der Burggräfler laut Staffler „leicht und unbekümmert genießt. Er isst viel und trinkt gern und gut und feiert förmlich diese Genüsse. Das Leben bietet ihm so viel an natürlichen Reichtümern, dass es sich fast selbst genügt. Er ist daher auch kein Grübler. Wein macht heiterer als gestockte Milch.“ Ein Zeitgenosse Stafflers war **Josef Weingartner** (1885–1957), der als Propst von Innsbruck, Verfasser der „Kunstdenkmäler Südtirols“ und vielseitigen Schriftsteller zu den verdienstvollen Persönlichkeiten des Landes zählt. Von ihm stammt folgende Weingeschichte: „Es war im Juni 1918 und in den Kellern des Burggrafenamtes lag der Wein von 1917, dessen Kraft und Güte seitdem nie mehr übertroffen oder auch nur erreicht worden ist. Da hatte mich der Mateilerbauer mit zwei Freunden zu einer Kellerpartie eingeladen. Auch diesmal tat der purpurne Gnaidwein seine Schuldigkeit und in festlich gehobener Stimmung verließen wir den Keller. Mein Weg, ein steiler Fußpfad, führte mich mitten durch den Matailer Weinberg bergauf gegen Dorf Tirol. Während unserer Kellerpartie hatte das Wetter umgeschlagen, ein wilder Sturmwind brauste durch die Nacht, ein gewaltiger Regen rauschte nieder. Auf einmal atmete ich einen wundersamen Duft. Ich blieb wie festgewurzelt stehen und wie ein jähes, süßes Erschrecken überfiel mich die Erkenntnis: die Reben blühen! Ringsum nichts als Nacht, Sturm und Regen – aber der zarte, süße Duft der Rebenblüten war stärker und wirkte wie ein tröst-

Postkarte des Traditionsgasthauses Torgglhaus in Bozen, 1917.

liches Versprechen.“ Weingartner verfasste auch eine der treffendsten Beschreibungen des **Törggelens,** wie es einst üblich war: „An den Abhängen des Kranebittberges wächst ein vorzüglicher Weißwein, und im Spätherbste setzen sich zahllose Kolonnen von Brixner Bürgern in Bewegung, um den ‚Nuien‘ an der Quelle, bei den Weinbauern zu verkosten. Gebratene Kastanien, Nüsse und das harte Brot, das nur ein paarmal im Jahr gebacken wird, passen trefflich zur rassigen Säure des grüngoldenen Weines. Schon der Hinweg in der milden Nachmittagssonne hat seinen eigenen Reiz. Die untermauerten Weinbergterrassen, die Edelkastanien, der Blick hinab ins freundliche Tal, auf die alte Stadt oder auf das malerische Kloster Neustift, das grobe Kugelpflaster des Weges – das alles gehört unbedingt zu einer richtigen Törggelepartie.

Noch schöner ist dann der Heimweg, womöglich im Mondenscheine, wenn die oft recht neckischen Geister des Weines ihr Spiel treiben …"

Dazu passt die Erklärung, welche Ernst Loesch in seinen bis heute überaus lesenswerten 1921 erschienenen Erzählungen über das Eisacktal zu den drei Heiligenfiguren auf dem Giebel des Brixner Domes wiedergibt: „Der oberste (Heilige) zeigt mit dem Finger nach oben, der links stehende schaut mit fragender Gebärde zu ihm hinauf und der dritte legt mit Inbrunst die Hand aufs Herz. Wenn man einen Brixner fragt, was die Figuren bedeuten, so sagt er lachend: Der Ingenuin fragt den Kassian: Wo gibt's denn heuer den besten Nuien? Der Kassian deutet nach Tils und sagt: Da droben! Der dritte aber legt die Hand aufs Herz und seufzt: Ah, der isch guet!" Im Etschtal lautet ein alter Spruch: **„Drei Köschtn, ein Glasl."** Damit sind die wichtigsten Zutaten zum Törggelen genannt: die gebratenen Kastanien und der (neue) Wein.

Um die Torggl, wo das Törggelen seinen Ursprung hat, geht es auch in der folgenden Geschichte: Beim traditionellen **Bittgang** wurde die Statue des hl. Urban von Marling über Baslan nach Tscherms getragen. Danach musste der Weinpatron wieder an seinen angestammten Platz in der Pfarrkirche von Marling zurückgebracht werden. Auf dem Weg dorthin war es Brauch, mit dem Weinheiligen in die Torggeln der größeren Bauern einzukehren, damit dieser den Wein in den Standern und Fässern segnete. Natürlich wurden die vier Statuenträger jedes Mal mit einem guten Trunk belohnt. Der Durst nach der langen Prozession war groß und der Torggeln gab es viele. So bekamen die „Mander" mit der Zeit halt auch genug. Der Fama nach soll es da vorgekommen sein, dass die Statue des hl. Urban zu guter Letzt kopfüber heimgetragen wurde!

Leps-Brüder

Eine heute in dieser Form ausgestorbene Gattung waren die Leps-Brüder, welche bis zum Zweiten Weltkrieg gewissermaßen zum Inventar des Weinlandes an Etsch und Eisack zählten. Der Leps als durststillendes Alltagsgetränk der Bauersleute und Dienstboten wurde und wird wie in allen Weingegenden, wo die Leute mit diesem Getränk auf vertrautem Fuß stehen, regelmäßig, aber eben mäßig getrunken. Es gab und gibt

Im tiefen Keller: Weinprobe zwischen den Fässern beim Zollweg-Hof oberhalb von Lana, um 1930.

aber auch Ausnahmen. Dazu zählten die **Leps-Brüder,** deren verwandtschaftliche Beziehung untereinander lediglich in dem latenten Durstgefühl und der Überzeugung bestand: Wer arbeitet, hat zu essen, wer nichts tut, hat auch zu trinken. Der Meraner Tierarzt **Karl Kweton** (1891–1953), dem wir eine Reihe von ebenso humorvollen wie scharf beobachteten Schilderungen der bäuerlichen Welt seiner Zeit verdanken, hat den Leps-Brüdern ein bleibendes Denkmal gesetzt: „Unter den Lepsbrüdern findet man oft junge, kräftige Leute. Äußerlich sind sie wohl alle ohne Unterschied des Alters abgerissen, angetan mit zusammengebetteltem Zeug, die Schuhe zerrissen, abgetreten. So wandern sie durchs irdische Dasein oder, besser gesagt, einzeln oder zu zweit von einem Weinbauernhof zum anderen, von einem Weindorf ins andere. Um die Mittags- und Abendzeit findet sich bei jedem Bauern etwas und so wird man satt. Auf jedem Hof steht in der Stube oder hinter der Haustüre ein Steinkrug mit Leps gefüllt. Kommt nun so ein Lepsbruder, so schenkt ihm der Bauer oder die Bäuerin, Knecht oder Dirn oder eines der Kinder das Krüglein voll. Die am meisten gebrauchten Redewendungen sind: ‚Oh geahts, derf i nit um a Maul voll Leps lottern!' Und nach getaner Arbeit: ‚Vergeltsgott!'"

Wie allgemein verbreitet dieses Leps-Lottern (Betteln) einst war, davon berichtet auch der Brief, den der Kunsthistoriker **Josef Garber** am 6. September 1927 von seinem Heimathof in Tscherms an den Freund Josef Weingartner schrieb: „Und der Karl [ein Neffe Garbers] sorgt rührend für die vielen Lepslötter, die täglich durstig durchs Hoftor kommen. Er richtet oft im vornhinein mehrere Krüglein, damit er nicht wieder in den Keller zu laufen braucht, und die Katl sagt, er zieht ihr alle Lötter her. Aber er examiniert auch jeden und ich höre die interessantesten Gespräche. Er hält ihnen auch eine kleine Predigt, daß sie nicht so viel Leps saufen sollen." So lebten die Leps-Brüder nach dem in einen Tschermser Brunnen eingravierten **Spruch,** den Garber in einem anderen Brief erwähnt: „Das Wasser gibt den Segen, der Wein gibt die Kraft. Hoch soll sie leben, die versoffene Brüderschaft."

Acht Liter am Tag

Viel getrunken wurde aber nicht nur von Taugenichtsen und Trunkenbolden, sondern auch allgemein von den Knechten und Tagelöhnern bei der Arbeit im Weinberg, wovon der Bauer Sebastian Klotz, Moar in Burgstall, im vom Heimatpflegeverein herausgegebenen „Burggräfler Weinbiachl" (2014) berichtet:

„Wir hatten am Hof immer zwei, drei Knechte. Die haben im Sommer schon um 5 Uhr früh angefangen zu arbeiten. A Stickl Speck, a Stickl Kas und a roaches Goggele [rohes Ei] und an Leps hon i ihnen aufs Feld gebracht. Da hatten sie schon die erste Flasche leer. Also nun die zweite, immerhin so 5–6 Prozent Alkohol, wie's Bier. Zu Mittag war auch dieser Leps getrunken. Dann eine halbe Wein zum Essen. Um 2 Uhr gedengelt und wieder aufs Feld mit an Leps. Um Viere Marend. Und die Bottl war wieder leer. Also wieder Nachschub. Nun Feierabend. Noch an halben Liter Wein zum Nachtmahl. Die Männer sind im Sommer bis auf acht Liter am Tag gekommen. Der Arbeit hats keinen Abbruch getan. Aber sierig und grantig waren sie und gschpunnen haben sie! Ich hab mitbekommen, wie armselig sie gestorben sind. Mit großem Leiden, Wassersucht!"

Verdiente Persönlichkeiten

Erzherzog Johann von Österreich (1782–1859) gilt als Modernisierer: Er lebte zeitweise auf Schloss Schenna und führte in Südtirol Burgunderreben ein.

Zu den verdienstvollsten Pionieren des Südtiroler Weinbaues zählt **Erzherzog Johann** von Österreich, der im 19. Jahrhundert den Anbau neuer Rebsorten wie Weiß- und Blauburgunder, Sylvaner und Riesling maßgeblich vorantrieb. Der gebürtige Konstanzer **Karl Mader** (1874–1914) war als Wanderlehrer und Direktor der 1874 gegründeten landwirtschaftlichen Landeslehr- und Versuchsanstalt San Michele nicht nur an der Grundstocklegung für den modernen Weinbau in Südtirol beteiligt, sondern trug auch wesentlich zur erfolgreichen Bekämpfung der 1880 aus Amerika eingeschleppten Peronospora bei. In diese für die Weinbauern schwere Zeit fielen die Gründung der ersten **Kellereigenossenschaften** (Süd-)Tirols in Andrian und Terlan (1893) und die erste Bozner Weinkost (1896). Für die **Bozner Weinkost,** welche sich bald zu einer der führenden Weinmessen weit über Südtirol hinaus entwickelte, schrieb der Bozner Dichter **Hubert Mumelter** (1896–1981) jahrelang den stets nicht nur informativen, sondern auch unterhaltsamen Katalog. Darin und in seinen meisterhaften Erzählungen („Wein aus Rätien") vermittelt er vielen Lesern die enge Verbundenheit dieses Landes und seiner Geschichte mit dem Wein. Ein feinsinniger Schilderer des Weinlandes Südtirol und seiner Menschen („Ein Krügl Wein aus Sankt Urbans Land") war auch der aus Bruneck gebürtige Richter **Paul Tschurtschenthaler** (1874–1941). Wiederum ein „Zugereister", dem Südtirol zu großem Dank verpflichtet ist, war Professor **Karl Theodor Hoeniger.** Der 1881 in Wien geborene und 1970 in Meran verstorbene verdienstvolle Schriftsteller und Forscher veröffentlichte 1945 die „Südtiroler Weinfibel", die wie viele andere seiner Schriften bis heute zu den unverzichtbaren Standardwerken über Südtirol und den Weinbau zählt. Hoeniger war auch maßgeblich an der

Katalog

des

I. Frühjahrsweinmarktes

des

Verbandes der landw. Bezirksgenossenschaften Deutschsüdtirols.

Abgehalten im

Torggelhaus zu Bozen

vom 12.—22. März 1896.

Im Selbstverlage des Verbandes.

Die erste Bozner Weinkost fand 1896 in der Weinkosthalle des Torgglhauses statt.

Gründung der Landesbibliothek „Dr. Friedrich Teßmann" und des Südtiroler Weinmuseums beteiligt. Das Weinmuseum wurde 1955 im Schloss Ringberg bei Kaltern eröffnet und fand in seinem Mitbegründer **Luis Oberrauch** (1907–1991) einen einzigartigen Kustos. Der gelernte Kellermeister verfasste eine Vielzahl heimatkundlicher Arbeiten und hinterließ wie sein Freund, der Maler und Fotograf **Hugo Atzwanger** (1883–1960), eine Sammlung von Lichtbildern, deren dokumentarischer Wert nicht zuletzt für den Weinbau von großer Bedeutung ist. Eine enge Freundschaft verband Luis Oberrauch mit dem Gratscher Weinbauern und Heimatkundler **Matthias Ladurner-Parthanes** (1894–1986). Sein 1972 erschienenes Buch „Vom Perglwerk zur Torggl" stellt eine der wichtigsten Quellen dar, die es zum Südtiroler Weinbau gibt.

Der Wein in der Kunst

Weinmotive im Mittelalter

Es wäre seltsam, wenn der wichtigste Wirtschaftszweig des alten südlichen Tirols nicht auch in der Kunst seinen Ausdruck gefunden hätte. Dies umso mehr, als die Rebe und der Wein in der christlichen Religion eine zentrale Position einnehmen. So finden wir die Weintraube sowohl in der Malerei als auch in der Plastik unseres Landes seit frühesten Zeiten vertreten. Das älteste bekannte Weinmotiv Südtirols ist an der Altarwand der karolingischen **St.-Benedikt-Kirche** in Mals zu sehen. Nach diesen Wandmalereien aus dem 9. Jahrhundert begegnen uns Weintrauben und Rebenblätter mehrmals in der romanischen Kunst. In der hochmittelalterlichen Fürstenresidenz auf **Schloss Tirol** schmücken Trauben und Rebenlaub die berühmten Marmorportale am Eingang zum Palas und zur Burgkapelle sowie die romanischen Fenster. Auch an den romanischen Steinreliefs in der Krypta der **Innichner Stiftskirche** ist die Rebe verewigt. Ebenso weist die Hochzeit zu Kana in der **Burgkapelle von Hocheppan** auf die Bedeutung dieser Frucht hin. Aus einem romanischen Silberkelch wurde auf Schloss Braunsberg oberhalb von Lana am Tag des heiligen Blasius der Blasiuswein getrunken. Überhaupt finden wir Trauben und Weinblätter seit dem Mittelalter häufig auf Kelchen, Monstranzen und anderen liturgischen Geräten. In **Brixen** ist das Pluviale (liturgisches Gewand) des seligen Bischofs Hartmann mit Reben und Trauben geschmückt. In der **Gotik** werden Maria und das Christuskind häufig mit einer Traube dargestellt. Bekannt sind die

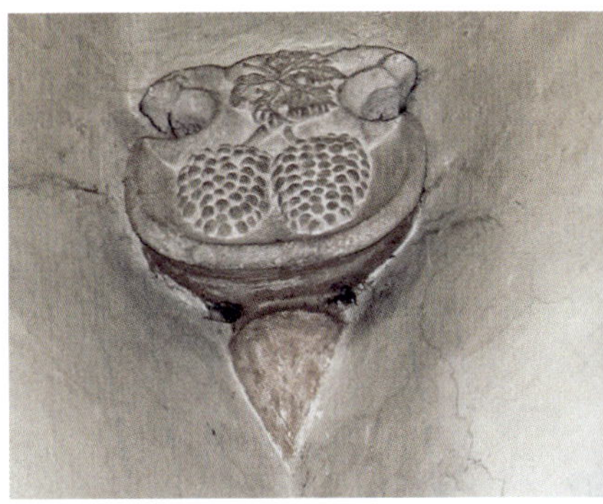

Weintrauben auf einem gotischen Bildstock in Prösels und als Schlussstein in der St.-Michaels-Kirche in Lana aus dem 15. Jahrhundert.

Darstellung einer Traubenmadonna aus Tils im Eisacktal, Ende des 15. Jahrhunderts, verwahrt im Diözesanmuseum in Brixen.

„**Traubenmadonnen**" von Michael Pacher am ehemaligen **Flügelaltar in St. Lorenzen** und am Salzburger Altar. Dasselbe Motiv finden wir auch auf einem Gemälde von Friedrich Pacher (heute **Diözesanmuseum Brixen**) und als Plastik in der **Pfarrkirche von St. Pauls in Eppan** und in **Klerant bei Brixen** (um 1480). Den Klockeraltar in **Bozen** schmücken ebenfalls Trauben und Weinlaub. Als Steinrelief begegnen wir der Traube in der (Spät-)Gotik u. a. an einer Fensterlaibung des Kirchturmes von **St. Michael in Eppan,** am südseitigen Lichthäuschen beim **Bozner Dom** und am Kirchenportal von **Stegen.** Zahlreiche Museen beherbergen Tafelbilder aus dieser Zeit mit Trauben- und Weinmotiven. Ebenso oft sind Trauben, Reben und Weinkelter auch in der gotischen Wandmalerei anzutreffen. Ein schönes Beispiel dafür findet sich im **Brixner Kreuzgang,** wo in der zweiten Arkade eine große Traube und ein Weingarten zu sehen sind (Mitte 15. Jahrhundert). Ein häufiges Motiv in der christlichen Kunst stellt Christus in der (Wein-)Kelter dar, so u. a. im 15. Jahrhundert in der **Burgkapelle von Karneid** und an der **Pfarrkirche von Terlan.** Als dekorative Elemente schmücken Traube und Weinlaub auch die Balken mehrerer gotischer Stuben. Auch der wichtigste Weinheilige, St. Urban, tritt uns schon im Mittelalter in **St. Justina bei Bozen** und in einem Glasgemälde von 1496 in der **Pfarrkirche von Niederlana** entgegen. Dort sind neben dem Weinpatron eine Weintraube und ein Rebmesser abgebildet. An der Wende von der Gotik zur Renaissance steht der Seitenaltar in der alten Pfarrkirche von **Schenna,** dessen Mittelschrein von Trauben umrahmt wird.

Kunstreiche Trinkstuben der Renaissance

Keineswegs fehlen dürfen Rebe und Wein in den **Trinkstuben,** welche seit dem Beginn des 16. Jahrhunderts in zahlreichen **Südtiroler Edelsitzen und Burgen** eingerichtet wurden. Besonders zahlreich treten uns solche Trinkstuben im Überetsch und Unterland entgegen, so im Schlösschen der Langenmantel in **Tramin,** in den Ansitzen Freienfeld, Strehlburg und Eberle in **Kurtatsch,** in einem Laubenhaus in **Neumarkt,** im herrschaftlichen Grünwein in **Pinzon,** im Ansitz Thalegg und in mehreren anderen Edelsitzen in **Eppan.** Auch im oberen Etschtal schufen sich die noblen Herren solche Rückzugsorte, so auf Schloss Maretsch, auf der Haselburg und im Ansitz Rottenbuch in **Bozen,** in der Schwanburg in **Nals,** in den Ansitzen Platzhof und Helmsdorf in **Lana,** in den

Fresko in einer Trinkstube in Tramin.

Landsknecht am Stiegenaufgang der Moosburg in Eyrs, um 1610.

Burgen Rubein, Trauttmansdorff, in der Fragsburg und den Ansitzen Hohensaal und Pflanzenstein in **Meran,** im Pünthof und im alten Zollhaus in **Algund,** im Zollschreiberhaus in **Partschins** und auf den Schlössern Dornsberg, Juval und Churburg im Vinschgau. Selbst im Pustertal, wo bekanntlich kein Wein mehr wächst, wollten die Rittersleute nicht auf einen behaglichen Trinkraum verzichten. Solche haben sich in den Edelsitzen Sonnegg in **Dietenheim,** Glurnhör-Hebenstreit in **St. Lorenzen** und in einem **Brunecker Stadthaus** erhalten. Diese festlichen Räume wurden wohl mit Absicht größtenteils etwas abseits von den Wohngemächern der Frau Gemahlin eingerichtet. Sie sind durchwegs mit reichen **Renaissance-Malereien** ausgeschmückt. Neben Reben und Trauben finden wir vor allem biblische Weinthemen wie die Hochzeit zu Kana und passende **antike Szenen** wie das Urteil des Paris dargestellt. Gelegentlich treffen wir sogar den Weingott Bacchus höchstpersönlich an, so in den Grafenhäusern von Tramin. Passende Zitate antiker Autoren und mehr oder weniger fromme, manchmal auch ziemlich derbe Sprüche lassen deutlich erkennen, dass es in diesen Trinkstuben recht weinselig (und wie man vermutet, sogar ein wenig reformatorisch) zuging. Natürlich durften auch die **Wappen** der mehr oder minder vornehmen Auftraggeber und ihrer „Freundschaft“ (Verwandtschaft) nicht fehlen, dienten diese Trinkstuben doch vor allem auch der adeligen Selbstdarstellung. Die meisten dieser detail- und farbenfrohen Gemälde aus dem 16. Jahrhundert stammen von **Bartlmä Dill Riemenschneider**. Auch diverse Renaissanceöfen, so u. a. im Schloss Goldrain (1610), sind mit Reben und Weinranken geschmückt.

Barocke Weinfreuden

Unbändige Lebensfreude spiegeln die Wandgemälde, Tafelbilder und Figuren der **Barockzeit** wider. Dabei wird neben religiösen Motiven gerne aus dem reichen Schatz der griechischen Mythologie geschöpft. Die großen Meister Paul Troger, Martin Knoller und Johann Evangelist Holzer haben uns neben vielen anderen etwas weniger berühmten Zunftkollegen wie Stephan Kessler, Ulrich Glantschnigg, Johann Georg Platzer, Karl Henrici und Michelangelo Unterberger köstliche Gemälde mit christlichen und heidnischen Weingottheiten hinterlassen. Besonders beliebt waren sogenannte **Monatsbilder,** auf denen die Jahreszeiten dargestellt wurden, so etwa im fürstbischöflichen Schloss Feldthurns oder auf der Fahlburg in **Prissian.** Da ging es bei der Inszenierung des Herbstes natürlich nicht ohne Trauben, Wein und Trinkgelage ab. Dem **Weinpatron St. Urban** wurden in dieser Zeit zahlreiche Altäre, Statuen, Gemälde und Fahnenbilder gewidmet, darunter z. B. in Lana der Urbanaltar in der St.-Peter-Kirche, ein barockes Fahnenblatt mit traubentragenden Pergln und eine eigene Prozessionsstatue, die bei der landesweit bekannten Maria-Geburts-Prozession

Traubenmotiv an einem barocken Ofen in der Fahlburg in Prissian.

Trauben und Fruchtgehänge in der St.-Michael-Kirche in Lana aus dem 18. Jahrhundert.

mit frischen Trauben geschmückt wird. Darstellungen des Weinpatrons finden sich u.a. auch in Niedervintl, Siebeneich, Barbian, in der Barbarakapelle von Meran, in Schrambach und im Bozner Dom. Als dekorative Elemente schmücken **Weintrauben und Weinlaub** landauf, landab unzählige barocke Altäre und Kirchen, so z.B. den Hochaltar im Kloster Neustift. Die Säulen der Prati-Orgel von 1661 in der Lucius-Kirche in Tiss bei Goldrain sind ebenfalls mit Weinranken geschmückt. Eine leider der Vergangenheit angehörige, wunderschöne **Rebenlandschaft** zeigt das Deckenbild, das Josef Wengenmayr 1764 in St. Georg in Obermais malte. Zum festen Bestandteil der Darstellung gehört die Traube aus naheliegenden Gründen bei den **Wirtshausschildern,** von denen manche noch in die Barockzeit zurückreichen. Im 19. Jahrhundert finden wir Rebe, Trauben und Weinlaub öfters auf neugotischen Altären, an Kirchentüren und Kirchenbänken und auf Grabsteinen. Natürlich

Christus in der Kelter, Holztafelbild des Südtiroler Weinmuseums in Kaltern. Der ausgepresste Wein steht für das Blut Christi.

darf die Traube neben anderen Früchten auch in der floralen Kunst des **Jugendstils** und der Wiener Secession nicht fehlen. Beispiele dafür sind im 1914 erbauten Meraner Kurhaus von Rudolf Jettmar zu sehen. Übrigens war der Südtiroler Wein nicht nur Gegenstand eines reichen Kunstschaffens, sondern auch die Voraussetzung für dieses. **Finanziert** wurden nämlich die meisten dieser Kunstwerke mit dem **Einkommen aus dem Weinbau.** Und dies war nicht nur in Lana der Fall, wo die Bauern um 1503 das horrende **Honorar** von 1.600 Gulden für den Schnatterpeck-Altar teilweise mit Weinlieferungen (8 Fuder = 1.344 l im Jahr) bezahlten.

Folgende Doppelseite: Der Algunder Waalweg lädt zum Wandern und Spazieren ein.

Wanderungen durch die Südtiroler Weinbaugemeinden

Alte Freunde

Es gibt Wege, zu denen kehrt man immer wieder zurück wie zu einem lieb gewordenen Menschen. Es ist, als ob man einen alten Freund wieder einmal besuchen würde. Oft sind dies Wege, die nicht so viel begangen werden. Dazu sind sie zu bescheiden und als touristisches Highlight wenig geeignet. Und das ist auch gut so. Da steht oft ein alter Hof mit seiner steinernen Freitreppe, dem spitzbogigen Eingangsportal und der getäfelten Stube – kein Museum, sondern lebendige Geschichte, wie dies auch der Misthaufen daneben zeigt. Manchmal trifft man auf ein Stück der alten Wegpflasterung, auf der die Bewohner des höher gelegenen Dorfes jahrhundertelang ins Tal hinunter- und wieder hinaufgegangen sind. Den ganzen Weg entlang jene aus unzähligen Steinen zusammengefügten Trockenmauern, wie sie heutzutage kein noch so teurer Landschaftsgärtner mehr zustande bringt. Daneben und darüber immer wieder prachtvolle Kastanienriesen, alte Veteranen, die zusammen mit der Kaiserin Maria Theresia jung waren. Und als Krönung vielleicht sanft in die geschwungene Hanglandschaft hineingelegte, oft kaum mehr als kirchdachgroße Weinäcker mit den immer seltener werdenden Pergln mit ihren Stützgerüsten aus Kastanienholz.

Eigentlich sind das seltene, ganz einzigartige Kostbarkeiten, die in ihrer Summe und im Verein mit der herrlichen Landschaft ohne Weiteres als Weltkulturerbe bezeichnet werden oder als achtes Weltwunder durchgehen könnten. Eigentlich müsste man Eintritt verlangen, um hier wandern zu dürfen.

Vinschgau und Burggrafenamt

Wasser und Wein: von Tschars nach Kastelbell

Der Vinschgau ist das kleinste Weinbaugebiet Südtirols. Von Naturns bis Schlanders werden heute Reben auf rund 90 ha angebaut. Das Herzstück des **Vinschgauer Weinbaues** bilden Tschars, Galsaun und Kastelbell. Die Verbindung zwischen Tschars und Galsaun stellt der **Tscharser Schnalswaal** dar, der von Altratheis bis zum Schloss Kasten führt. Er ist mit 10,8 km der zweitlängste Waal Südtirols. Für die Verlängerung der Wasserleitung von Juval bis nach Tschars setzte sich Kaiser Maximilian I. als Tiroler Landesfürst 1492 höchstpersönlich ein. 1553 war das begehrte Wasser-Wosser dann auch in Galsaun angekommen. Zu den besonderen Merkmalen dieses Gebietes zählen neben den prachtvollen Kastanienhainen die unzähligen Trockenmauern, welche den **Weinstelen am Berghang** von Tschars über Galsaun bis nach Kastelbell ihr unverwechselbares Profil verleihen. Nirgendwo sonst im südlichen Tirol findet man so viele und so gut erhaltene Exemplare dieser einzigartigen Landschafts- und Kulturdenkmäler, welche hier vielfach sogar mit Jahreszahlen und Inschriften versehen sind und bis ins 18. Jahrhundert

Schloss Kasten bei Galsaun im Vinschgau.

zurückreichen. In der Gemeinde Kastelbell-Tschars gibt es derzeit 30 ha Rebflächen. Die Qualität der darauf erzeugten Weine wird schon um 1840 von Johann Jakob Staffler in seiner Landesbeschreibung gelobt.

Unsere **Rundwanderung** beginnt im Ortszentrum von Tschars. Wir gehen zwischen den Häusern aufwärts zur St.-Martin-Kirche, wo mehrere historische Gebäude einen reizvollen Platz bilden. Kurz darauf biegen wir rechts in einen steilen Weg ein, der uns vorbei an einer alten Wegkapelle zum Waalweg hinaufführt (Weg Nr. 3). Bei einer Raststätte mit Bank erreichen wir den Waal, dem wir nun fast eben eine halbe Stunde entlangspazieren, bevor wir links nach Galsaun hinuntersteigen. Dafür nehmen wir nicht die erste markierte Abzweigung, sondern bleiben auf dem Waalweg bis zu dessen Einmündung in einen Traktorweg. Bevor wird auf diesem links abwärts zum Schloss Kasten gehen, lohnt es sich, rechts ein paar Schritte zu einer alten Mühle hinunter zu machen, unterhalb der sich **einer der schönsten Kastanienhaine Südtirols** ausbreitet. Einige der gewaltigen Baumriesen standen wohl schon, als Kaiser Maximilian die Verlängerung des Waales genehmigte! Das inmitten von Weinbergen gelegene Schloss Kasten diente den Herren von Montalban und nach ihnen den Grafen von Schlandersberg und Hendl als herrschaftlicher Wohnsitz, nachdem die darübergelegene Trutzburg Hochgalsaun zweimal bei Adelsaufständen zerstört worden war. Eine schöne alte Gasse bringt uns nach Galsaun, wo der vorbildlich restaurierte Moar-Hof den malerischen Ortskern prägt. Am westlichen Ortsende biegen wir oberhalb der Feuerwehrhalle in einen nicht asphaltierten Fahrweg ein, der uns durch Obstwiesen und Weinberge nach Kastelbell führt, wo das gleichnamige Schloss besichtigt werden kann. Von der im 13. Jahrhundert erbauten und im 16. Jahrhundert erweiterten Burg führt ein Weg durch Weinleiten zum Pfraum-Hof. Der frische Weißburgunder und der süffige Vernatsch, die dort ausgeschenkt werden, entschädigen voll und ganz für den kurzen, aber steilen Anstieg. Auf derselben Route kehren wir wieder nach Tschars zurück.

Ausgangspunkt: Ortszentrum Tschars
Gehzeit: 3 h
Höhenunterschied: 200 m

Waalwege am Sonnenberg bei Naturns

Mit fast 6.000 Einwohnern zählt Naturns zu den größten Gemeinden des Burggrafenamtes. Die am Ausgang des Schnalstales gelegene Marktgemeinde beherbergt im St.-Prokulus-Kirchlein die ältesten Fresken im deutschen Sprachraum (8. Jahrhundert). Die Schlösser Hochnaturns und Dornsberg und mehrere Edelsitze unterstreichen die Bedeutung des Ortes im Mittelalter, der in der Pfarrkirche St. Zeno sein geistliches Zentrum hat. Vom Mittelalter bis in die Neuzeit spielte der Weinbau in Naturns und seinen Ortsteilen eine weit wichtigere Rolle als in der Gegenwart, wo die Tallandwirtschaft hauptsächlich vom Obstbau geprägt ist. Immer wieder lesen wir in den Urkunden von Weingütern, so z. B. 1550 vom Weingarten unterm Thurn in Ladturns, 1554 vom Weingart Windegg ob dem Schloss Naturns, 1422 von einer „vinea clam“ in Weintal, 1370 vom Weingart in Funggäs, 1369 von einer „vinea ecclesiae“ in Tschirnan, 1394 von einem Weingut des Kloster Steinach beim Nidrist usw. Am Fuße des Sonnenberges wachsen auch heute noch auf 47 ha vorzügliche Weine, welche u. a. bei den jährlichen **Naturnser Riesling-Tagen** verkostet werden können. Am Weingut Falkenstein oberhalb von Naturns werden Weinführungen angeboten, ebenso beim Weingut Unterortl auf Juval.

Vom Naturnser Ortsteil **Staben** nach Juval und zu der von Reinhold Messner als eines der Messner Mountain Museen zugänglich gemachten Burg führt der Weg Nr. 1. In einer guten Stunde erreicht man über die kargen Hänge des Sonnenberges den beherrschend über dem Eingang ins Schnalstal thronenden Schlosshügel mit der eindrucksvollen, um 1200 erbauten und im 16. Jahrhundert im Stile der Renaissance erweiterten Burg. Nach der Besichtigung der vorbildlich renovierten Burganlage und des dort untergebrachten Museums zum Thema Berg und Mensch lädt der Schlosswirt zur Einkehr. Unterhalb von **Juval** befindet sich der ebenfalls zum Schloss gehörige Unterortl-Hof, an dessen Südhängen Gisela und Martin Aurich vorzügliche Weißweine und feine Destillate produzieren. Die Rieslinge von Unterortl und Falkenstein wurden mehrfach auf nationaler und internationaler Ebene ausgezeichnet. Beide Weingüter bieten abwechselnd donnerstags Führungen durch die Weinberge mit Erläuterungen zu den angebauten Rebsorten, dem

Steiler Weinberg zu Unterortl unterhalb von Schloss Juval.

Klima, den Böden und der Kellerwirtschaft an. Natürlich darf danach eine Verkostung der hofeigenen Weine nicht fehlen.

Juval ist auch über den **Tscharser Schnalswaal** in 1,5 h von Tschars aus über den Weg Nr. 1A und den abzweigenden Weg Nr. 3 zu erreichen. Dieser Waal wurde 1504 bis 1517 errichtet, um die Weingüter und Felder aus dem Schnalser Bach zu bewässern. Vom Sonnenhof unterhalb der Burg Juval (Jausenstation) kann man über den Weg Nr. 1 nach Staben absteigen und mit öffentlichen Verkehrsmitteln wieder nach Tschars zurückkehren. Oder aber man biegt von Weg Nr. 1 auf den ausgeschilderten **Stabener Schnalswaal** ab, der wieder zurück nach Tschars führt, und vollendet so die **Rundwanderung**.

Staben–Juval:
Ausgangspunkt: Ortszentrum Staben
Gehzeit: 1,5 h
Höhenunterschied: 400 m

Tschars–Juval–Staben:
Ausgangspunkt: Ortszentrum Tschars
Gehzeit: 2 h
Höhenunterschied: 100 m hinauf von Tschars zum Waal, 400 m von Juval abwärts nach Staben

Rundwanderung Tschars–Juval–Staben
Gehzeit: 3,5 h
Höhenunterschied: 200 m

Partschins: Waal, Saltenstein und Römerwein

Es steht außer Zweifel, dass die Römer nach der Eroberung unseres Gebietes um Christi Geburt dem **rätischen Weinbau** kräftig auf die Sprünge halfen. Im Burggrafenamt haben sich zahlreiche Zeugnisse aus dieser Zeit erhalten. Im 3. Jahrhundert n. Chr. stiftete M. G. Vecitus der Göttin Nemina Augusta einen Gedenkstein aus Quadrater Marmor, der später im Montelbon-Hof eingemauert wurde. Beim Hochhueber erinnert eine rechteckige Tafel aus demselben Material an Quintus Caecilius Eutropius, den verstorbenen Sohn des Marcus Quintus. Aus dem Zieltal oberhalb von Partschins stammt der berühmte Diana-Altar, den der römische Zollbeamte Aetetus zu Ehren des Kaiserhauses errichten ließ, und beim Hanswirt in Rabland stand der Gedenkstein, mit dem Kaiser Claudius (14–54 n. Chr.) den Bau der hier vorbeiführenden Via Claudia Augusta dokumentierte. Es wäre mehr als seltsam, wenn die Herren Vecitus, Marcus Quintus und Aetetus auf ihren Rablander und Partschinser Gütern nicht die Weinrebe gezogen und sich mit einem guten Glas Eigenbau darüber hinweggetröstet hätten, dass sie hier in den Bergen fern der Heimat ihren Dienst versehen mussten. Im Mittelalter lesen wir jedenfalls sehr oft von Weinbergen und Weinzinsen. Auch die **Bischöfe von Regensburg und Salzburg** versorgten sich von ihren Partschinser Weinhöfen aus mit dem nördlich der Alpen begehrten (Süd-)Tiroler Wein. In der Neuzeit scheint der Weinbau mehr und mehr vom Getreideanbau in den Hintergrund gedrängt worden zu sein. Johann Jakob Staffler findet ihn 1846 in seinem Loblied auf die Gegend keiner Erwähnung mehr wert: „Partschins, auf einer lieblichen Anhöhe am Fuße des hohen Nordgebirges in der sonnigsten Lage ausgebreitet, von den Lüften des Zieltales stets erfrischt, von munteren Quellen und Bächen reichlich bewässert, von Fruchtbäumen, Saaten und Wiesen herrlich umblüht, ist unzweifelhaft eines der anziehendsten Dörfer des Landes.“ Umso erfreulicher ist es, wenn auf dem traditionsreichen Weingut Stachlburg auch heute noch prächtige Weißweine (Chardonnay, Weißburgunder, Ruländer, Gewürztraminer) erzeugt werden. Die Stachlburg im Ortszentrum von Partschins geht auf eine im 13. Jahrhundert erbaute Dorfburg zurück, welche im 16. Jahrhundert von den neu geadelten Stachl wesentlich vergrößert wurde. Im Erbwege gelangte das Schloss an die

Als „heilige Wasser“ bezeichnete man früher das kostbare Nass der Waale. Im Bild der Partschinser Waal.

heutigen Besitzer, die Freiherren von Kripp. Spauregg (mit schönem Park) und Gaudenten-Turm (wo ebenfalls gute Eigenbauweine und feine Destillate erzeugt werden) sind weitere adelige Ansitze in Partschins. Insgesamt gibt es in Partschins heute **12 ha Weinbaufläche**. Bewässert wurden die früher zahlreicheren Weinberge vom rund 3 km langen Partschinser Waal, der 1427 erstmals erwähnt wird und sein Wasser aus dem Zielbach bezieht. Die Gemeinde Partschins ist die Heimat des Erfinders der Schreibmaschine **Peter Mitterhofer** (1822–1893), dem im Ortszentrum das sehenswerte Schreibmaschinenmuseum gewidmet ist.

Eine **sehr lohnende Wanderung** führt vom Partschinser Ortszentrum der Markierung 8 folgend in 20 Minuten hinauf ins Zieltal, wo beim mächtigen „Saltenstein" rechts der **Waalweg** abzweigt. Nach einer knappen Stunde aussichtsreicher Wanderung kommt man ins sonnige Vertigen und damit an die Gemeindegrenze zu Algund. In der Nähe des Gasthauses Niedermair führt die Fahrstraße zurück nach Partschins.

Ausgangspunkt: Ortszentrum Partschins
Gehzeit: 2 h
Höhenunterschied: 200 m

Weinlehrpfad und Waalweg: das Weindorf Algund

Der überragende Stellenwert, den die Rebe in der Burggräfler Großgemeinde Algund einnimmt, zeigt sich schon im Gemeindeemblem: Als einzige Kommune des Landes führt Algund ein Weinfass und eine Traube im Wappen! Die älteste Darstellung des Gemeindewappens stammt aus dem Jahre 1607 und findet sich unter der Bezeichnung „Amt Algund bei Meran" in der bischöflichen Hofratskanzlei in Brixen. Das Hochstift besaß nämlich wie auch die Bistümer Trient, Chur und Augsburg sowie mehrere in- und ausländische Klöster seit dem Mittelalter zahlreiche Weingüter in dieser sonnigen Gegend. Der Weinbau bestimmte jahrhundertelang das bäuerliche Leben in Algund, dessen Siedlungscharakter heute noch von **behäbigen Weinhöfen** geprägt ist. Als der aus Amerika eingeschleppte Schimmelpilz im 19. Jahrhundert verheerende Schäden anrichtete, war es die Gemeinde Algund, die am

Der Weinlehrpfad am Algunder Waalweg.

28. Dezember 1862 dem „Schwefelapostel“ Ludwig von Comini bei Musik und Böllerklang als erste die Ehrenbürgerschaft überreichte. Am 24. Februar 1909 gründeten 37 Algunder und Gratscher Weinbauern **eine der ältesten Kellereigenossenschaften** des Landes, welche 1911 rund 21.000 hl Wein einkellerte. 1984 schlossen sich die 107 Algunder Mitglieder mit den 82 Mitgliedern aus Marling zur Burggräfler Kellereigenossenschaft zusammen, aus der 2010 durch die Eingliederung der 1952 gegründeten Weinkellerei Meran die heutige Kellereigenossenschaft Meran Burggräfler hervorging. Die Algunder Kellerei lebt heute noch als Brennerei in Meran fort. Heute verfügt Algund noch über **41 ha Rebflächen.**

Einblick in Vergangenheit und Gegenwart des Weinbaues gewährt der **Weinlehrpfad Algund,** der vom Café Konrad am Algunder Waal über den Schludernsteinweg bis zum bekannten Restaurant Leiter am Waal führt. Das Café Konrad ist vom Parkplatz des Sesselliftes nach Vellau über einen schönen alten, mitten durch die Weinberge führenden Steinplattenweg in 10 Minuten zu erreichen. Schautafeln geben entlang des Weinlehrpfades Auskunft über den Algunder Waal, beschreiben die alten und neuen Rebsorten und gewähren Einblick in die Arbeit des Saltners. Beim Leiter am Waal kehrt man um und erreicht nach einer halben Stunde den Ausgangpunkt, oder aber man verlängert die Wanderungen auf dem Waalweg nach Belieben.

Überaus empfehlenswert ist es, den gesamten **Waalweg von Plars über Algund bis nach Gratsch** zurückzulegen. Dieser „Algunder Waalweg“ besteht eigentlich aus drei Waalen, von denen der Plarser bereits 1333 angelegt wurde und damals mit Genehmigung des Tiroler Landesfürsten König Heinrich um den Algunder Waal im engeren Sinne verlängert wurde. 400 Jahre später, 1734, schloss sich daran der Gratscher Waal an. Der am oberen Rand der Weinberge entlangführende, rund 6 km lange Waalweg von der Töll bis nach Gratsch bietet immer wieder prächtige Ausblicke auf Algund und den Meraner Talkessel. Er zählt zu den schönsten Wanderwegen des Landes. Die Rückkehr erfolgt auf demselben Weg.

Weinlehrpfad Algund
Ausgangspunkt: Café Konrad am Algunder Waalweg
Gehzeit: 1 h
Höhenunterschied: 130 m

Waalweg Plars–Algund–Gratsch
Ausgangspunkt: Parkplatz an der Straße Töll–Algund
Gehzeit: 1,5 h, mit Rückweg 3 h
Höhenunterschied: keiner

Wanderung im Rosengarten bei Schloss Tirol

Die Geschichte vom Zwergenkönig Laurin und seinem Rosengarten wird im Allgemeinen im Rosengartenmassiv am Schlern bei Bozen lokalisiert. Es gibt aber auch ernstzunehmende Hinweise darauf, dass das mittelalterliche Heldenepos in der Umgebung von Schloss Tirol anzusiedeln ist. Unterhalb der Burg befindet sich nämlich ein Weingarten namens „Rosengarten“ und diese Flur glaubte der renommierte Historiker Karl Theodor Hoeniger in dem um 1200 aufgezeichneten Laurin-Epos beschrieben zu finden. Aber unabhängig davon trifft die Bezeichnung „im Rosengarten“ auf jeden Fall für das zauberhafte Dreieck **Gratsch–Schloss Tirol–Dorf Tirol** zu. Es ist dies wohl einer der schönsten Winkel Südtirols, wo sich die Reize einer südlichen, vom Weinbau geprägten Landschaft mit zahlreichen bedeutenden Zeugnissen einer bis in die Vorzeit zurückreichenden Geschichte vereinen.

Ausgangspunkt der Rundwanderung ist der traditionsreiche Gasthof Kircher mit dem St.-Magdalena-Kirchlein in Gratsch, wo nicht nur ein dort aufgefundenes bronzezeitliches Steinkistengrab an die frühe Besiedelung erinnert. Auf den alten Steinplattenweg, der von dort mitten durch die Weinberge vorbei am schönen Walkner-Hof zum 1276 erstmals erwähnten **Schloss Thurnstein** hinaufführt, werden wohl schon die Tiroler Landesfürsten ihr Streitross gelenkt haben. Auf Thurnstein kann der berühmte Napoleonwein verkostet werden. Als 1870 eine fröhliche Gesellschaft beim Herrn von Egen auf Thurnstein saß, kam nämlich die Kunde von der Gefangennahme des französischen Kaisers Napoleon III. in der Schlacht von Sedan, worauf der Gastgeber seinen besten Wein aus dem Keller holte, der seitdem diesen noblen Namen trägt. Von Thurnstein geht es auf dem Fahrweg weiter nach **St. Peter,** einen der kunstgeschichtlich bedeutendsten Kirchen des Landes. Der heutige Kreuzkuppelbau aus dem 9. Jahrhundert geht auf einen spätantiken-frühmittelalterlichen Vorgängerbau zurück und beherbergt neben romanischen und gotischen Wandgemälden sehr seltene spätottonische Fresken aus dem 11. Jahrhundert. Bald wird nun **Schloss Tirol** erreicht. Mit seinem hochragenden Bergfried und dem im gesamten Alpenraum einzigartigen romanischen Palas, an den sich die zweigeschossige Burgkapelle anschließt, ist Schloss Tirol nicht nur das Wahrzeichen dieser Gegend, sondern des ganzen Landes, das seinen Namen vom Schloss und seinen Grafen erhielt. Wie es dazu kam und wie die weitere Geschichte Tirols verlief, das kann man im interessanten Landesmuseum erfahren, welches heute in der mittelalterlichen Dynastenburg untergebracht ist. Durch das 1682 errichtete Knappenloch geht es weiter nach Dorf Tirol, zu dessen Füßen die malerische Brunnenburg liegt. Hier verbrachte der amerikanische Dichter Ezra Pound von 1958 bis 1963 einen Teil seines Lebensabends. Sein Enkel, Siegfried de Rachewiltz, hat auf der **Brunnenburg** ein überaus sehenswertes Museum zur Landwirtschaftsgeschichte eingerichtet, wo unter vielen anderen Weinbaugeräten auch eine 1670 datierte Torggl zu sehen ist. Man kann entweder über die Brunnenburg nach Gratsch hinuntersteigen (bis zur Brunnenburg Fahrstraße, dann steiler Fußweg) oder rechts vor dem Ortszentrum von Dorf

Rebenlandschaft mit traditionellen Holzpergln bei Schloss Tirol.

Tirol über die Falkner-Promenade und danach über den Gnaidweg mitten durch **die besten Weinlagen des Burggrafenamtes** hinunter zum Gasthof Kircher wandern. Die **Gemeinde Tirol** steht mit 105 ha Rebflächen übrigens an der Spitze der Burggräfler Weinbaugebiete.

Ausgangspunkt: Gratsch, Gasthof Kircher
Gehzeit: 2 h
Höhenunterschied: 300 m

Durch die Vernatsch-Anlagen oberhalb von Meran

Auf alten Ansichten kann man gut erkennen, wie sich die Stadt Meran an den Fuß des Küchelberges duckt, der wie ein riesiger Riegel den Meraner Talkessel vom Passeiertal und seinen Nordwinden abschirmt. Dieser langgezogene, 500 bis 600 m hohe Hügelrücken, der sich von Dorf Tirol bis zum Segensbühel erstreckt, ist ein Überbleibsel der letzten Eiszeit. Damals hobelten die Gletscher, die rechts aus dem Vinschgau und links aus dem Passeiertal nach Süden drängten, den Meraner Talkessel

Der Tappeinerweg oberhalb von Meran führt durch eine abwechslungsreiche Landschaft hinein in die Weinhänge.

aus. Übrig blieb der **Küchelberg**, dessen Südseite wohl schon seit der Vorzeit mit Weinreben bepflanzt ist. Noch heute befindet sich ein guter Teil der insgesamt 77 ha Rebflächen im Meraner Gemeindegebiet auf diesen sonnigen Hängen. Der westliche Ausläufer dieses mit fruchtbarem Moränenschutt überlagerten Felsspornes heißt Segensbühel, wohin seit uralten Zeiten Flurprozessionen stattfanden. Am 16. November 1809 lieferten sich die Schützen hier die letzte blutige Schlacht der Tiroler Freiheitskriege mit den französischen Truppen Napoleons. 1891 legte der Meraner Kurarzt Franz Tappeiner mit einer großzügigen Spende den Grundstein für eine der schönsten Promenaden des Alpenraumes. Der **Tappeiner-Weg** zieht sich 60 m über der Meraner Altstadt rund 3 km weit den gesamten Küchelberg entlang. Vom Pulverturm bis nach Gratsch bietet dieser Spazierweg eine einzigartige Aussicht auf die Stadt und das Etschtal, auf Schloss Tirol und das untere Vinschgau. Die natürliche südliche Vegetation mit Reben, Feigen, Mandeln, Zürgeln, Manna-Eschen usw. wurde durch gezielte Anpflanzungen von mediterranen, ja sogar tropischen Pflanzen aus aller Welt zu einem Gesamtbild

MERAN
MERANER
Fürst

verschmolzen, das in dieser Form wohl einmalig ist. Die bis heute am häufigste vertretene Pflanze ist jedoch die Weinrebe, welche nicht nur den Tappeiner-Weg von Anfang bis Ende begleitet, sondern den gesamten Küchelberg beherrscht. Der **Küchelberger** und der **Gnaider** gelten geradezu als Synonyme für die qualitätsvollen **Burggräfler Vernatsch-Weine.**

Wir beginnen unsere **Rundwanderung** im Herzen von Meran. Zwischen der schönen spätgotischen Pfarrkirche zum hl. Nikolaus und der St.-Barbara-Kapelle führen steile Stufen den Hang hinauf. Bald überqueren wir den **Tappeiner-Weg** und folgen beim Gasthaus Saxifraga dem Tiroler Steig. Nach einer halben Stunde Anstieg erreichen wir die Höhenkuppe des Segensbühels und gehen nun auf der gleichnamigen Straße nach links in Richtung Dorf Tirol bis zum Hotel Gartner. Dort folgen wir wiederum links dem Wein- bzw. Gnaidweg abwärts bis nach Gratsch. Der obere Teil des Weges trägt nicht nur wegen der hier angebrachten Schautafeln seinen Namen **Weinweg** mit vollem Recht, führt er doch auch mitten durch eines der schönsten Weinanbaugebiete des Landes. Unterhalb des Matail-Hofes, wo im Mittelalter die Weinschenken der Tiroler Grafen saßen, bringt uns ein Steig zum Tappeiner-Weg und dieser nahezu eben zurück nach Meran.

Ausgangspunkt: Meran, Pfarrkirche
Gehzeit: 2,30 h
Höhenunterschied: 300 m

Schlösserwanderung durch die Sonnenlagen von Schenna

Mit 2.265 Sonnenstunden im Jahr ist Schenna jene Ortschaft im Burggrafenamt, welche am längsten von der Sonne „geküsst" wird. Grund dafür ist die hochgestellte Hanglage von Schenna, welche die Gemeinde vom Nachmittagsschatten des Mendelzuges und des Vigiljoch-Berges verschont. Die lange Sonnenscheindauer und die fruchtbaren Moränenböden bilden optimale Voraussetzungen für den Obst- und Weinbau. Heute fällt der Vergleich mit 10.000 Tonnen geernteten Äpfeln und 124 Tonnen Maische eindeutig zugunsten des Obstanbaues aus. Jahrhundertelang waren die Südhänge von Schenna jedoch größtenteils

Das Ortszentrum von Schenna wird durch das Dreigestirn Schloss, Pfarrkirche und Mausoleum für Erzherzog Johann geprägt.

dem Weinbau gewidmet, da der Obstbau erst vor rund 100 Jahren seinen Siegeszug antrat. Über 30 Höfe vom Unterdorf bis nach St. Georgen mussten der Herrschaft Schenna Wein zinsen, mehrere Hofnamen wie Mosttrager, Torggler und Weinmesser künden vom einst wichtigen Weinanbau. Ein großer Pionier für den modernen Weinbau war **Erzherzog Johann von Österreich,** der 1845 Schloss Schenna und das Thurnschlössl erwarb und neben den bisher in Südtirol unbekannten „Steckele-Reben" (Guyot-Erziehung) auch die heute so erfolgreichen Weißweinsorten Riesling, Gewürztraminer und Ruländer einführte. Noch 1896 gab es in Schenna 76 ha Rebflächen, heute betreiben von 200 Höfen 42 auf einer Gesamtfläche von knapp 20 ha Weinbau. Ausgangspunkt der Rundwanderung ist das **Schloss Rametz,** das mit seiner Kellerei, der Vinothek und dem sehenswerten **Weinmuseum** inmitten prachtvoller Weinberge am oberen Rande von Obermais liegt.

Die **Rundwanderung** startet beim Parkplatz bei **Schloss Rametz**. Nachdem wir ein Stück auf der Laberser-Straße aufwärtsgegangen sind, zweigen wir links ab und kommen wieder durch schöne Weinberge zum 1281 erstmals erwähnten Schloss Labers, das seit einem weitläufigen Umbau im Jahre 1886 als stilvolles Gästehaus dient. Gleich oberhalb des Schlosses führt ein schattiger Waldweg zur ehemaligen Einsiedelei bei der Naifkapelle. Wir überqueren die Naif-Straße und steigen dann zum **Schloss Goien** mit seinem ungewöhnlich schön gemauerten Bergfried hinauf. Durch Obstwiesen erreichen wir die Straße nach **St. Georgen,** wo gotische Fresken, ein Flügelaltar von 1500 und an den ebenfalls noch gotischen Zunftstangen u. a. Weintrauben bewundert werden können. Der sogenannte Wiesenweg bringt uns westlich hinunter ins Ortszentrum. Beim spätgotischen Torggler Hof präsentiert die Station **„Yhrn, Torggl, Fassl“** des Schennaner Dorfmuseums interessante Beschreibungen und Geräte des Weinbaus. Der Fahrstraße nach geht es rechts ins Ortszentrum von Schenna mit der neuen und alten Pfarrkirche, der romanischen Kapelle St. Martin und dem eindrucksvollen neugotischen Mausoleum, wo Erzherzog Johann und seine Gemahlin ruhen. Die alte gotische Pfarrkirche zu Maria Himmelfahrt birgt sehenswerte Wandgemälde aus der Zeit um 1400 und am Seitenaltar goldene Rebengewinde. Nicht zu versäumen ist auch ein Besuch im beherrschend über dem Dorf thronenden **Schloss Schenna,** das um 1350 erbaut wurde und 1845 von Erzherzog Johann zum Wohnsitz für sich und seine Nachkommen, die Grafen von Meran, erkoren wurde. Zurück am Dorfplatz gehen wir gleich hinter dem Tourismusbüro den Rothtaler-Weg steil hinunter. Dem 1473 angelegten Maiser-Waal folgen wir fast eben bis **Schloss Planta**, um dann auf der gleichnamigen Straße in östlicher Richtung zum Ausgangspunkt unserer Wanderung zurückzukehren.

Ausgangspunkt: Schloss Rametz, Parkplatz
Gehzeit: 2,5 h
Höhenunterschied: 300 m

Abwechslungsreiche Weinwanderung durch Tscherms und Marling

Die Waale waren immer schon die Lebensadern der Landwirtschaft. Das gilt für den trockenen Vinschgau ebenso wie für das regenarme Burggrafenamt. Viele der Waale finden wir bereits im Mittelalter urkundlich erwähnt. Der „Marlinger Waal“ wurde 1737–1756 auf Initiative der Kartäusermönche des Klosters Allerengelberg in Schnals erbaut, die in Marling einen großen Weinhof besaßen. Von der Töll bei Algund über Marling und Tscherms bis nach Lana werden damit rund 300 ha Kulturgrund bewässert. Mit 12 km ist der Marlinger Waal der längste

Der Marlinger Waal ist mit rund 12 km der längste Südtirols.

Südtirols. Unsere Rundwanderung führt uns durch die alten **Weindörfer Tscherms und Marling,** wo auch heute noch auf 34 bzw. 32 ha ein vorzüglicher Wein wächst. Die Weinberge nehmen stets die Südseite der zahlreichen Hügel ein, welche dem Talhang oberhalb von Tscherms und Marling sein unverwechselbares Gepräge verleihen und in ihrer Vielfalt ein Landschaftsbild von ganz besonderem Reiz ergeben. Mehrere römische Siedlungen und die seit dem Mittelalter dokumentierten Klosterhöfe künden ebenso wie das prächtige **Schloss Lebenberg** und schöne Ansitze vom Reichtum dieser Gegend, die ihren Ursprung im Weinbau hat. „Der Wein hat den Ruf vorzüglicher Güte. Die weißen von Tscherms gelten als Spitzenweine und haben ein besonders liebliches Aroma“, schrieb Beda Weber 1845. In Marling wurde 1901 eine der ersten Kellereigenossenschaften des Landes gegründet.

Vom **Ortszentrum von Tscherms** aus (Bushaltestelle/Parkplatz unter der Kirche) beginnen wir die **Rundwanderung** und gehen beim

Löwenwirt ein Stück den Raffeinweg hinauf. Vor dem Kratzberger-Hof biegen wir rechts in einen Fußweg ein, der uns durch Obstwiesen und Weinberge zum **Marlinger Waal** hinaufführt. Nach dem steilen Anstieg genießen wir das gemütliche Dahinschlendern auf dem fast ebenen Waalweg. Links oben grüßt Schloss Lebenberg herunter, eine der schönsten und besterhaltenen Burgen Südtirols. Eine Besichtigung des Schlosses lässt sich mit einer Einkehr beim nahen Buschenschank Haiden-Hof verbinden, wo ausgezeichnete Eigenbauweine verkauft werden. Aber auch längs des Waalweges stehen mit der Leitenschenke, dem Waalheim, der Waldschenke, dem Larchwalderhof und dem Enzian vorzügliche Gasthäuser zur Verfügung. Nach einer guten halben Stunde verlassen wir beim Gasthof Enzian den Waalweg und steigen über den St.-Felix-Weg zum Ortszentrum von **Marling** hinunter. Bevor wir dieses erreichen, lohnt es sich, das vom derzeitigen Bürgermeister Walter Mairhofer in seinem Heimathof Rochele eingerichtete, sehr interessante **Weinmuseum** zu besichtigen. Unweit davon können beim traditionsreichen Popp-Hof und beim Weingut Pardellerhof Montin erlesene Eigenbauweine erworben werden, während die bekannte Privatbrennerei Unterthurner exquisite Fruchtdestillate präsentiert. Detailverkauf und Weinverkostung gibt es auch beim Weingut Plonerhof an der Mitterterzer-Straße. Am Kirchplatz zeigen große Weingeräte (Reber, Moster, Pazeide) den Beginn des **WeinKulturWegs Marling** an, dem wir auf der Hauptstraße gegen Süden abwärts bis zur **Kellereigenossenschaft Meran Burggräfler** folgen. Der architektonisch sehr gelungene Neubau mit seinem lichtdurchfluteten Glaspavillon bietet ein prachtvolles Ambiente zum Weinverkosten. Gegenüber der Kellerei beginnt die Lebenberger-Straße, von der wir bald links abzweigen und über den Feldweg nach Tscherms zurückkehren. Dort sollte man es nicht versäumen, dem Richtung Lana gelegenen **Erlebnishof Kränzel** einen Besuch abzustatten: Ein **Labyrinth aus Weinreben** bildet das Herzstück der hier auf 20.000 m^2 angelegten „Sieben Gärten“. Ebenso können exquisite Weine aus den 800-jährigen Weingütern verkostet und gekauft werden.

Ausgangspunkt: Ortszentrum Tscherms
Gehzeit: 2,5 h
Höhenunterschied: 200 m

Weinhöfe-Wanderung am Eingang ins Ultental

Unsere Wanderung folgt den Wegen, die seit Jahrtausenden Berg und Tal – in diesem Fall Lana mit Ulten – verbinden. Mächtige Edelkastanien und sonnenwarme Trockenmauern säumen den Pfad, der durch eine der schönsten Kulturlandschaften des Etschtales führt. Alles, was den besonderen Reiz dieser Gegend ausmacht, ist hier vertreten: behäbige Weinhöfe und malerische Edelsitze, eine weit ins Land schauende mittelalterliche Burg und ein altertümliches Kirchlein, sanft geschwungene Weinberge und fruchtstrotzende Obstanlagen.

Ausgangspunkt des Rundweges ist das Ortszentrum der Marktgemeinde Lana, wo sich auf beiden Seiten der Falschauerbrücke reichlich Parkgelegenheiten bieten und der Busbahnhof ganz nahe liegt. Gleich nach der Brücke Richtung Meran zweigt links der Braunsberger Weg ab, der in mehrfacher Querung der Ultner Straße zum **Schloss Braunsberg** emporführt. Die von den Herren von Lana-Braunsberg um 1200 erbaute Burg stand 500 Jahre lang im Besitz der Grafen Trapp und gelangte dann im Erbweg an die Grafen Strachwitz, welche das alte Gemäuer mit der Burgkapelle zum hl. Blasius und einer der ältesten gotischen Stuben

Schloss Braunsberg am Eingang des Ultentals.

des Landes sorgsam restaurierten und jetzt darin wohnen. **Schöne alte Weinhöfe und Ansitze** begleiten den Weg durch die Weinberge. Mitten in diesem sonnigen Ried steht der Gagerser-Hof, der im Mittelalter dem Kloster Weingarten und später dem Kloster St. Mang in Füssen gehörte. Daneben erbauten die Mönche 1724 die **St.-Magnus-Kapelle.** Beim darüberliegenden Weinhof Zollweg reifen ausgezeichnete Weiß- und Rotweine aus biologischem Anbau, die an Ort und Stelle verkostet und auch erworben werden können. 10 Minuten oberhalb des Zollwegers überqueren wir ein letztes Mal die Ultner Straße und erreichen dann über eine Höfezufahrt und einen davon links abzweigenden Weg den Buschenschank Ausserhof, einst der äußerste Hof der Gerichts- und Talgemeinde Ulten. Von dort steigen wir immer der Markierung **„Kultur- und Natur-Lehrpfad Aichberg"** folgend nordseits über den Wieser-Hof hinab nach Lana. Beim schön zwischen Weinbergen und Kastanienbäumen eingebetteten Glöggl-Hof ist gut einkehren, ebenso beim höher gelegenen Oberbrunner, dessen denkmalgeschütztes Wohngebäude mit barocken Fresken geschmückt ist. Die Fahrstraße (Raffeinweg) abwärtsgehend erreichen wir nun in wenigen Minuten den Ausgangspunkt unserer Wanderung.

Ausgangspunkt: Oberlana, Nähe Falschauerbrücke
Gehzeit: 2,5 h
Höhenunterschied: 350 m

Wein und Kastanien – von Lana über Ackpfeif nach Völlan

Obwohl der Obstbau in der größten Apfelgemeinde des Landes die einst vorherrschenden Weinberge stark reduziert hat, wird die Rebe in Lana immerhin noch auf 60 ha angebaut. Die **Rundwanderung** nimmt ihren Anfang in Oberlana, wo am Beginn der Gampenstraße bald links der **Brandis-Waalweg** abzweigt. Über 4 km leitet dieser aus der Falschauer gespeiste Waal 30 Sekundenliter Wasser zu den Weinbergen und Obstwiesen zwischen Ober- und Niederlana. Eine Marmortafel erinnert an die Erbauung des Waales, welcher 1835/36 unter der Leitung des Guts-

Doppelpergl am Brandis-Waalweg in Lana.

verwalters der Grafen Brandis, Peter von Sölder, um 15.700 Gulden angelegt wurde. Damals kostete eine Yhrn Wein (78 l) 6–7 Gulden, ein Knecht verdiente im Jahr 36–40 Gulden und der Wert einer Tagmahd Wiese (3.000 m^2) belief sich auf 300 Gulden, jener eines Jauches Weingut (1.800 m^2) auf 1.000–1.500 Gulden. Nach einer halben Stunde sind wir in Niederlana, wo die spätgotische Pfarrkirche zu Mariä Himmelfahrt mit ihrem berühmten **Flügelaltar von Hans Schnatterpeck** (1503–1508) einen Besuch wert ist (Führungen täglich um 11 und 15 Uhr). Im nahen **Obstbaumuseum** steht die älteste datierte Torggl (Traubenpresse) des Landes aus dem Jahre 1570. Wir gehen bei der Pfarrkirche den Brandisweg hinauf zum Golfplatz. Im **Brandiskeller** wurde einst nach einem Brand den Feuerwehrmännern ein Weißburgunder in Tassen als „Brandisser Kamillen-Tee“ ausgeschenkt, weil der Weinausschank an Feuerwehrleute damals behördlich verboten war. Hier beginnt unterhalb der Burgruine Brandis der alte Tisner Weg, der über den Weiler **Ackpfeif** die Talsohle mit dem Mittelgebirge verbindet. Schon im „Tiroler Landreim“ von 1558 wird der Ackpfeifer zu den besten Lagenweinen des Landes gezählt und auch die Landeskundler des 19. Jahrhunderts Johann Jakob Staffler und Beda Weber loben das hiesige Traubengewächs in höchsten Tönen. Nach etwa 25 Minuten erreichen wir den Hof Schuhgraben, wo wir rechts in den asphaltierten Fahrweg abbiegen. Bei der doppeltürmigen Leonburg, einer der ursprünglichsten Burganlagen Südtirols, überqueren wir die Gampenstraße und wandern

Auf dem Weg von Lana nach Völlan kommt man an der St.-Hippolyt-Kirche vorbei.

rechts zum Buschenschank Götzfried-Hof. Hinter dem Hofschank führt ein Fußweg in einer halben Stunde und in zuletzt steiler Steigung hinauf zum uralten Felsenheiligtum von **St. Hippolyt,** von wo aus man eine einzigartige Aussicht auf das Etschtal genießt. Auf demselben Steig kommen wir zurück zur Wegkreuzung oberhalb des Götzfried-Hofes, wo wir uns diesmal nach links wenden. Wir gehen vorbei am Obermair und gleich darauf rechts hinunter zur Völlaner Talmühle (Möglichkeit zur Einkehr). Dort hat sich vom uralten Saumweg zum Gampenpass noch ein schöner, gemauerter Brückenbogen erhalten. Von der Talmühle wandern wir wieder aufwärts nach **Völlan.** Nach einem **Besuch des sehenswerten Bauernmuseums** beim Pfarrhaus und der Pfarrkirche zum hl. Severin mit ihren gotischen Fresken folgen wir dem **Kastanien-Lehrpfad,** der etwas oberhalb der Pfarrkirche beginnt. Ansprechend gestaltete Schautafeln informieren über die Bedeutung der Edelkastanie in alter und neuer Zeit. Beim Moar-am-Turm-Hof gehen wir rechts zunächst auf einem Steig und dann auf der Höfestraße nach Lana hinunter. Vorbei am Ansitz Helmsdorf erreichen wir wieder die Gampenstraße.

Ausgangspunkt: Oberlana, Beginn der Gampenstraße

Gehzeit: 3,5 h

Höhenunterschied: 400 m

Wanderung zur größten und ältesten Rebe der Welt in Prissian

Selbst im burgenreichen Südtirol gibt es nur wenige Landstriche, wo so viele Burgen auf so engem Raum beisammenstehen, wie dies auf den rebenreichen Talhängen um Nals und Prissian der Fall ist. Von der Schwanburg und Schloss Payersberg über Kasatsch bis zum Schloss Katzenzungen und der Wehrburg bestimmen hier nicht weniger als **fünf Burgen** das Landschaftsbild. In Prissian kommen noch die **Fahlburg** und die höher gelegene **Zwingenburg** dazu. Prissian ist die südlichste Ortschaft im kunstreichen Mittelgebirge von Tisens. Hier kann man ein intaktes Stück des alten Tirol mit alten Bauernhöfen, Burgen und Dorfsiedlungen erleben. Ein Kranz von mächtigen **Kastanienbäumen** umgibt das kleine Ortszentrum, das sich um die alte Steinbrücke über den Prissianer Bach lagert und – wie es sich für ein Südtiroler Dorf gehört – von zwei Gasthöfen, dem Mohrenwirt und dem Brückenwirt, eingerahmt wird. Bereits in vorgeschichtlicher Zeit ungewöhnlich dicht besiedelt, nahm hier im Altertum ein Römer namens Priscus seinen Wohnsitz, an den noch ein im Ansitz Schönhaus eingemauerter Grabstein erinnert. Im **Mittelalter** entstanden dann die erwähnten Burgen, mit denen die Grafen von Eppan im 13. Jahrhundert ihre nördliche Grenze gegen die feindlichen Grafen von Tirol absichern wollten. An den Südhängen, die von Schloss Katzenzungen, Kasatsch und der Wehrburg nach Nals hinunterführen, reift auch heute noch ein ausgezeichneter Wein. Der restliche Wein im Mittelgebirge wird um 1615 von Marx Sittich von Wolkenstein in seiner „Landesbeschreibung“ als „sauer“ eingestuft, da er aber „etwas wohlfeiler“ sei als andere, werde er trotzdem viel aufgekauft und zum Abfüllen verwendet. Lobend erwähnt Wolkenstein die hier gezogenen Rebunterlagen, welche „leicht heimisch sind und in großer Anzahl im Land hin verkauft werden“ und den Bauern viel Geld bringen. Beim 1244 erstmals erwähnten und um 1550 in die heutige Renaissanceform gebrachten **Schloss Katzenzungen** in Prissian befindet sich die berühmte **größte und älteste Rebe der Welt,** deren Alter rund 350 Jahre betragen soll. Der Rebstock breitet sich über 350 m^2 aus und liefert jedes Jahr bis zu 800 kg Versoaln-Trauben, aus denen die Kellereigenossenschaft Nals Margreid einen eigenen (Weiß-)Wein

Die Rebe beim Schloss Katzenzungen in Prissian gilt als die älteste und größte Rebe der Welt.

abfüllt. Unter der Regie der Gärten von Schloss Trauttmansdorff werden wöchentlich Führungen angeboten. Heute werden im Gemeindegebiet von Tisens auf 13 ha Reben angebaut.

Ein schöner **Wanderweg** verbindet den **Ansitz Schönhaus in Nals** (Möglichkeit zur Einkehr) mit dem Schloss Katzenzungen in Prissian. Nachdem kurz vor Schönhaus rechts die Brücke über den Nalser Bach überquert ist, steigt der gepflasterte und teilweise aus den Porphyrfelsen gehauene alte Burgweg (Nr. 2) durch Buschwald und vorbei an steilen Weinleiten in einer halben Stunde zur 1194 erbauten Burg Kasatsch hinauf, welche schon im 16. Jahrhundert als verfallen bezeichnet wird. Laut Marx Sittich von Wolkenstein wurde die auch Pfeffersburg genannte Feste bei einem Kampf zerstört, der zwischen dem Landesfürsten und einem Herrn von Pfeffersburg wegen dessen schöner Gemahlin entbrannt war. Von Kasatsch aus folgen wir der kaum befahrenen Straße aufwärts bis zur Höhe des Vorbichls, wo es kurz abwärts- und dann links über einen steilen Pfad hinauf bis zur berühmten Weinrebe unter **Katzenzungen** hinaufgeht. Auf demselben Weg oder über die Fahrstraße Prissian–Nals gelangen wir zurück nach Nals.

Ausgangspunkt: Nals, Ansitz Schönhaus

Gehzeit: 2,5 h

Höhenunterschied: 350 m

Bozen – Überetsch – Unterland

Zur ältesten Kellerei des Landes – von Nals nach Andrian

Die Nachbardörfer Nals und Andrian liegen im mittleren Etschtal zwischen Meran und Bozen. Mit zusammen **92 ha Rebflächen** spielt der Wein hier auch heute noch eine vorherrschende Rolle. In Andrian wurde 1893 die erste Kellereigenossenschaft Südtirols ins Leben gerufen. Der Ortsname Andrian reicht in römische Zeit zurück. Auch in Nals baute sich schon im 1. Jahrhundert n. Chr. ein vornehmer Römer eine schicke Villa mit Hallenbad, Fußbodenheizung und allem Drum und Dran. Im Mittelalter wusste das Hochstift Augsburg die vorzüglichen Nalser Weine zu schätzen, die hier nahe der von ihm erbauten St.-Ulrichs-Kirche wuchsen. Der „fette Nalser" wird von Georg Rösch von Geroldshausen in seinem 1558 verfassten „Tiroler Landreim" zu den besten Lagenweinen des Landes gezählt. Wenig später schreit Marx Sittich von Wolkenstein in seiner um 1600 entstandenen „Landesbeschreibung" (die Nachbarn mögen es verzeihen): „Mit der Fruchtbarkeit ist Nals dem Dörfel Andrian gleich, allein es hat viel mehr und besseren Wein. Nalser Wein wird in bedeutender Menge weitum verkauft." Rund 200 Jahre später schließt sich Johann Jakob Staffler 1846 diesem **Loblied auf den Nalser Wein** an, indem er auf das dortige „rebenbekleidete Gebirge" verweist, „wo der beliebte rothe Nalserwein wächst". In dasselbe Horn bläst 1845 der zweite wichtige Topograph des 19. Jahrhunderts, Beda Weber: „Das Erdreich von Nals ist ein Gemisch von Lehm, Porphyr und Kalk, daher vorzüglich geeignet für den Wein. Alle Wasser kommen von der Mendel, mit mehr oder minder Kalk, daher vorzüglich geeignet für den Weinbau. Die Ortslage im Anhauche weitgestreckter Moose soll ebenfalls wohltätig auf die Säfte des Rebstockes wirken. Aus diesen Gründen ist der Nalserwein, vorzüglich der rothe, im ganzen Lande berühmt und gesucht. Er hat etwas Fettes, Ölartiges, mit einer Herbe, die sich nie ganz verliert, und ein Zeichen seiner Echtheit ist. Er ist besonders für schwache und reizbare Magen heilsam und beruhigend. Der Kopf wird dadurch freier, und nur auf grobes Unmaß erfolgt Berauschung." Bei so viel Lobpreis durch die Jahrhunderte nimmt es nicht wunder, wenn die **Kellereigenossenschaft Nals Margreid** in ihrem 2011

Die Schwanburg in Nals beherbergt eine der ältesten Privatkellereien Südtirols.

neu gestalteten Betriebssitz ausgezeichnete Weine herstellt, welche regelmäßig nationale und internationale Spitzenbewertungen erfahren. Der Sirmianer Weißburgunder wurde 2014 zum besten Weißwein Italiens gekürt. Nicht weniger prominent ist die **älteste Privatkellerei des Landes** in der **Schwanburg.** Diese auf das 16. Jahrhundert zurückreichende Schlossanlage ist der Ausgangspunkt eines Rundwanderweges.

Unsere Rundwanderung starten wir bei der Schwanburg und nehmen die gegenüber der Schwanburg links beim großen Keller abzweigende, kaum befahrene Straße. So gelangen wir in einer guten halben Stunde zu den bei (Weiß-)Weinbeißern hochgeschätzten **Weinhöfen Regele und Bittner** (Möglichkeit zur Einkehr) nach **Pinzon**. Über den Kofler-Hof steigen wir in südlicher Richtung auf einem teilweise noch gepflasterten Weg vorbei an der **Burg Wolfthurn** nach Andrian hinunter. Im alten Weindorf um die St.-Valentin-Kirche besaßen die Klöster Muri-Gries, Stams, Wilten, Allerengelberg und die Serviten zu Innsbruck Güter und Höfe. Um 1600 schreibt Marx Sittich von Wolkenstein über Andrian: „Da wags guter sumber wein." 1893 wurde in Andrian von 50 Weinbauern **die erste Kellereigenossenschaft des Landes**

gegründet. 2008 fusionierte die Kellereigenossenschaft Andrian mit jener von Terlan. Wir folgen ab dem Dorfplatz mit dem schönen historischen Gasthof Zum schwarzen Adler der ruhigen Fahrstraße, die am Fuße der hochragenden Porphyrfelsen in einer halben Stunde nach Nals führt.

Ausgangspunkt: Nals, Schwanburg
Gehzeit: 3 h
Höhenunterschied: 300 m

Der Terlaner Weinweg

„Die Gegend von **Terlan und Siebeneich** ist wegen ihres Weines berühmt; die an der Gebirgsneige im heißesten Sonnenstrahl gereifte Traube gibt das edelste Getränk; insbesondere gilt dies von der weißen Traube bei Terlan mit einer solchen Auszeichnung, daß auf die Frage nach dem **besten weißen Wein des Landes** anstandslos der Terlaner genannt wird." Dieses Hohelied auf den Terlaner Wein des bekannten Topographen Johann Jakob Staffler von 1846 wird schon 250 Jahre früher von Marx Sittich von Wolkenstein bestätigt, der um 1600 Terlan „den aller pesten wein boden und wein zu sumber und winter" bescheinigt. Im „dorf Sibenaich" wird „von guten wein vil verkauft und gros gelt gelest". 1893 wurde die **Kellereigenossenschaft Terlan** gegründet, welche ihre hervorragende Position in der italienischen und internationalen Weinwelt nach wie vor den berühmten Weißweinen verdankt. „Die Weißweine der Kellerei Terlan sind die einzigen italienischen Weine, die in der Lage sind, mit den edlen Tropfen der Bourgogne mitzuhalten", heißt es im renommierten Weinführer „I vini d'Italia" von 2017. Die Kellereigenossenschaft zählt gegenwärtig 143 Mitglieder, welche **165 ha**

Erklärungstafeln entlang des Terlaner Weinwegs.

Oberhalb von Terlan kann man das gesamte mittlere Etschtal mit den Weindörfern Terlan, Nals und Andrian überblicken.

Anbaufläche bewirtschaften. Die Weißweine machen 70 % der Produktion aus. Aber auch verschiedene Rotweine aus Merlot, Lagrein, Blauburgunder und Vernatsch wurden und werden vielfach prämiert. Angesichts der Qualität der Terlaner Weine nimmt es nicht wunder, dass die Rebe hier schon seit rund 3.000 Jahren angebaut wird. Die ungewöhnlich reichen und hochwertigen Funde aus der Bronze- und Eisenzeit, darunter Schöpfkellen für Trinkgelage und Amphoren, veranlassten die Archäologen, das Gebiet von Moritzing, Siebeneich und Terlan als **„heiligen Bezirk“** zu bezeichnen. An die Römerzeit erinnern spätrömische Funde im Bereich der heutigen Pfarrkirche. Die **Marienkirche** gilt als eines der schönsten hochgotischen Gotteshäuser Südtirols. Sie ist mit über 1.000 m² Fresken ausgeschmückt, welche von 1367 bis 1490 gemalt wurden. Gemeinsam mit dem Gerichtssitz auf Neuhaus unterstreicht dieses kunstgeschichtliche Kleinod die Bedeutung des Weindorfes im Mittelalter. Vom 14. bis ins 18. Jahrhundert wurde in Terlan nach silberhaltigem Bleiglanz geschürft, hier befand sich auch der Sitz des „Berggerichtes an der Etsch“.

Wissenswertes zur Geschichte des Weinbaues, zu den Lagen, Rebsorten, Erziehungsformen und alten Weinhöfen und Ansitzen rund um

Terlan vermittelt der **Terlaner Weinweg** mit seinen 20 Schautafeln. Er führt auf eine Länge von 3,7 km durch die Terlaner Weinlandschaft. Der Weinweg startet bei der Kellerei, welche 1893 – im selben Jahr wie jene in Andrian – gegründet wurde. Damals gab es in Terlan 222 ha Rebflächen, auf denen 13.000 hl Maische geerntet wurde. Die beiden ältesten Kellereigenossenschaften des Landes sind seit 2008 vereint. Der Weinweg führt mitten durch die Reben vorbei an den Ansitzen Köstenholz und Liebeneich bis zum höchsten Punkt des Rundweges am Aichhorn-Hof. Dort lohnt es sich, ein Stück weiter nach oben zu gehen, wo sich der alte Weinhof Linsl und eine **ehemalige Mühle** befinden. Rechts führt ein Steig hinauf zum Wetterkreuz mit den Resten der 1335 erstmals erwähnten **Knappenkirche St. Peter**, von wo aus man einen weiten Blick auf die Weinberge von Terlan und das Etschtal genießt. Zurück beim Aichhorn geht es über den Petersbach nach Oberkreuth mit seinen vielen Ansitzen, darunter einem mittelalterlichen Turm. Über die Weinlage Winkl führt die **Rundwanderung** wieder zur Kellerei zurück.

Ausgangspunkt: Kellerei Terlan
Gehzeit: 1,5 h
Höhenunterschied: 140 m

Sonnenwanderung zur Burgruine Rafenstein

Die strategische Lage am Zusammenfluss von Etsch, Eisack und Talfer ließ den Bozner Talkessel schon in vorgeschichtlicher Zeit zu einem wichtigen Zentrum werden. Im Altertum verzweigten sich am **Pons Drusi** die Römerstraßen, welche durch den Vinschgau, über den Brenner und durch das Pustertal die Alpen überquerten. Im 12. Jahrhundert bauten die Trientner Fürstbischöfe die dörfliche Siedlung zum „burgum" aus, dem Meinhard II. 1286 das Stadtrecht verlieh. Die bereits 1202 erwähnten Jahrmärkte begründeten den internationalen Ruf der **Handelsstadt,** welche nach dem Übergang des Fürstentums Tirol an die Habsburger und dem Ausbau des Kuntersweges durch die Eisackschlucht der alten Landeshauptstadt Meran den Rang ablief. Der 1635 von der Regentin Claudia de Medici eingesetzte Merkantilmagistrat sorgte dafür, dass Bozen zum wichtigsten Handelsplatz zwischen Venedig und Augsburg aufstieg. Eine tragende Rolle in der Geschichte der Talferstadt kommt dem Wein zu, der schon immer nicht nur das Wirtschaftsleben mitprägte. Im Mittelalter galt der **Bozner Wein** als Synonym für den Südtiroler Rebensaft schlechthin. 1155 rühmte Bischof Otto von Freising den „süßen Wein von Bozen". Um 1200 sang Bestsellerautor Wolfram von Eschenbach ein Loblied auf den „Bozenaere". 1387 wurde durch ein landesfürstliches Privileg ein exklusiver Weinausschank am mit Weinsymbolen reich geschmückten „Leitacher Törl" genehmigt. Dadurch sollte Geld für den Bau der gotischen Stadtpfarrkirche eingenommen werden. 1546 gab es in der Stadt nicht weniger als 86 Gastwirte. Kein Wunder, dass der Stadtmagistrat schon 1437 eine eigene Weinglocke einführte, um den allzu sitzfesten Zechbrüdern heimzuläuten.

Nach wie vor zählen die Rebhänge rund um Bozen zu den absoluten Gunstlagen im Südtiroler Weinbau. Vermutlich ist das der Grund, warum diese gesegneten Gefilde bis heute von der Bauwut der inzwischen über 100.000 Einwohner zählenden Landeshauptstadt verschont geblieben sind. Lediglich in Gries mussten manche hervorragende Lagreinlagen modernen Wohnbauten weichen. Die seit 1896 stattfindende **Bozner Weinkost** unterstreicht, neben anderen Weinveranstaltungen, den über 20 Privatkellereien und der **Kellereigenossenschaft Bozen** die Bedeutung der Weinstadt. Mit 515 ha Weinbaufläche ist Bozen immerhin die drittgrößte Weinbaugemeinde des Landes. Nimmt man die angrenzenden Weinlagen am Ritten (143 ha), in Pfatten (75 ha), Leifers (34 ha), Völs (28 ha), Karneid (23 ha) und Jenesien (22 ha) dazu, so kann man wohl sagen, dass der Bozner Talkessel neben Eppan, Kaltern und dem Unterland das wichtigste Zentrum des Südtiroler Weinbaues darstellt.

Mitten hinein in das Bozner Weinparadies führt die **Wanderung** von der Talstation der Jenesiener Seilbahn nach **Rafenstein,** wo Marx Sittich von Wolkenstein um 1600 in seiner „Landesbeschreibung" manches Wissenswerte über den Südtiroler Wein festhielt. Auf der nördlichen Seite des kleinen Baches geht es auf der steilen, aber wenig befahrenen Straße vorbei an den wunderschön in die Reblandschaft eingelassenen gotischen Kirchen von St. Georg und St. Jakob hinauf zur beherrschend über dem Bozner Talkessel thronenden Ruine. Im darunterliegenden

Gunstlagen bei Schloss Rafenstein oberhalb von Bozen.

Gasthof Schloss Rafenstein kann eine Rast eingelegt werden. Die links abzweigende Fahrstraße mündet weiter unten wieder in die Straße, die beim Anstieg benutzt wurde.

Ausgangspunkt: Bozen, Talstation der Seilbahn nach Jenesien
Gehzeit: 2 h
Höhenunterschied: 450 m

Über die Bozner Weinleiten nach Glaning

Sand, St. Georgen, Guntschna, St. Magdalena, St. Justina, Wangg – so heißen die seit dem Mittelalter berühmten **Bozner Weinleiten**. Sie liegen an den südwärts geneigten Hängen über Gries und Zwölfmalgreien. Es ist ein kleines Wunder, dass dieses Weinparadies vor den Toren der „Großstadt" Bozen bis heute von dem Sündenfall einer ortsfremden Verbauung weitgehend verschont geblieben ist. Anstatt manchmal geschmackloser Villenbauten ragen hier immer noch die alten Weinhöfe

Auf dem Weg nach Glaning eröffnet sich von den Sonnenhängen oberhalb Moritzings ein besonderer Blick auf die Landeshauptstadt.

mit ihrem oft mittelalterlichen Mauerwerk, ihren Torbögen und Hohlziegeldächern aus den **steilen Weinhängen** heraus. Das Wichtigste bei diesen Höfen ist das gemauerte Wohnhaus mit Torggl, Ansetz und Keller im Untergeschoss. Über eine Freitreppe gelangt man in das darüberliegende Wohngeschoss mit der sonnenseitigen getäfelten Stube. Die einst strohgedeckten Stadel sind eher klein. Auf diesen Höfen ging es um den Wein, Äcker und Vieh dienten gerade ausschließlich zur Eigenversorgung. Oberhalb von **Guntschna** schließt sich das nicht weniger gesegnete Gebiet von Unterglaning an, wo sich zur Weinrebe die Edelkastanien dazugesellen. Ich kann mich noch gut daran erinnern, wie ich vor vielen Jahren an einem heißen Sommertag zum ersten Mal vom weinreichen Siebeneich aus dorthin gewandert bin. Nach dem steilen Anstieg durch kargen Buschwald öffnet sich plötzlich die Landschaft zur gottgesegneten Porphyrschale von **Glaning** mit ihren frischen, von mächtigen Edelkastanien umsäumten Wiesen, zwischen denen im Schatten alter Nussbäume stattliche Paarhöfe lagern. Dabei ist mir so recht bewusst geworden, von welch unvergleichlicher Schönheit die Mittelgebirge hoch über Etsch und Eisack sind, und die Sehnsucht nach diesen stillen Inseln hat mich im Getriebe des Alltages seitdem immer wieder eingeholt.

Diesmal starten wir jedoch von Gries aus. Vorbei an der Alten Grieser Pfarrkirche mit ihrem gotischen Altar von Michael Pacher gelangen wir auf die **Guntschnapromenade** mit ihrem exotisch-südländischen Pflanzenbewuchs. Nach der Villa Germania verlassen wir die Promenade und biegen in den Waldweg ein, der mit der Markierung 9 zum Buschenschank Föhrner (Möglichkeit zur Einkehr) führt. Mitten durch die berühmten Weinlagen von Guntschna folgen wir dem schönen **Steinpflasterweg** aufwärts, überqueren die Straße nach Glaning und gelangen so in etwas mehr als einer Stunde zum Gasthof Messner (Möglichkeit zur Einkehr) mit seiner gotischen Balkendecke in der großen Gaststube. Gleich daneben steht das einstige Widum der Grieser Stiftsherren, die das darunterliegende Kirchlein betreuten. **„St. Martin in den Köschtn“** nannte der Heimatkundler Luis Oberrauch das kleine Gotteshaus. Wir sind jetzt schon mitten in (Unter-)Glaning. Auf der kaum befahrenen Straße spazieren wir weiter bis zum Noafer und dann auf dem Forstweg hinauf zur Ruine Greifenstein, bei deren Besteigung

Die Guntschnapromenade bei Gries ist Heimat vieler exotischer und südländischer Pflanzen.

Trittsicherheit erforderlich ist. „Nu huss, sprach der michel von wolkenstein, so hetzen wir, sprach oswald von wolkenstein, zu hürs, sprach her leinhart von wolkenstein, sy müessen fliehen von greifenstein geleich", so beginnt das berühmte „Greifensteiner Kampflied". In diesem beschreibt Oswald von Wolkenstein die 1423 erfolgte Belagerung der hoch über dem Etschtal gelegenen Feste durch Herzog Friedrich mit der leeren Tasche, von der die Bezeichnung „**Sauschloss**" für die Burg herrührt. Zurück beim **Noafer** setzen wir uns in die geräumige alte Stube, wo – wie Josef Rampold einmal schrieb – „noch immer jenes Rebenblut fließt, das den Belagerern des Sauschlosses sicherlich oft der einzige Trost gewesen und – wie wir annehmen dürfen – nicht minder reichlich geflossen ist als das Feindesblut". Das „Rebenblut" ist heute ein süffiger Vernatsch und ein ganz ausgezeichneter Zweigelt. Danach ist der herrliche Blick auf die Dolomiten doppelt so schön. Gestärkt machen wir uns auf den Heimweg, der derselben Route folgt wie beim Anstieg.

Ausgangspunkt: Gries, Alte Pfarrkirche
Gehzeit: 2,5 h
Höhenunterschied: 550 m

Weinwanderung vorbei an Burgen und Ansitzen in Eppan

Mit 930 ha Rebflächen ist **Eppan die größte Weinbaugemeinde des Landes.** Die Weinberge verteilen sich über die Ortsteile Unterrain, Missian, St. Pauls, Frangart, Girlan, Montiggl und St. Michael. Zusammen mit den Bergweilern Gaid und Perdonig bilden diese Weindörfer die Großgemeinde Eppan. Der Hauptort von Eppan ist St. Michael, das kirchliche Zentrum der Urpfarre war aber bis ins späte 18. Jahrhundert der prachtvolle spätgotische „Dom auf dem Lande" in St. Pauls. Die Gunstlage von Eppan im überschwemmungssicheren Überetsch lockte schon früh Siedler an. Funde von Traubenkernen in eisenzeitlichen Wohnstätten belegen, dass die Weinrebe hier schon seit 3.000 Jahren beheimatet ist. Inmitten von Weinbergen oberhalb von St. Pauls wurden Überreste einer Römervilla aus dem 4. Jahrhundert n. Chr. gefunden. Später, im Mittelalter, residierten in dieser Gegend die Grafen von Eppan. Sie waren zeitweise das mächtigste Adelsgeschlecht im Lande und es hätte nicht viel gefehlt, dass sie zu Landesfürsten aufgestiegen wären. Dann hieße unser Land wohl Südeppan statt Südtirol. Überhaupt stellte Eppan das **Adelsparadies des Landes** schlechthin dar. An die zwanzig ins Mittelalter zurückreichende Burgen und über hundert Ansitze prägen noch heute die Siedlungslandschaft. Die **zahlreichen Ansitze** wurden großteils vom 16. bis ins 18. Jahrhundert im sogenannten **Überetscher Stil** errichtet, der von Doppelbogenfenstern, Loggien, Erkern und repräsentativen Mittelsälen geprägt wird. Von außen nicht sichtbar sind die ausgedehnten Weinkeller, deren unterirdisches Volumen dem über der Erde kaum nachsteht. Beim alle vier Jahre stattfindenden **Girlaner Kellerfest** können einige dieser ansonsten nicht zugänglichen historischen Weinkeller besucht werden. Einblick in die Eppaner Weinwelt gewähren auch die Südtiroler Weinstraßenwochen, der Tag des Weines und viele andere hochwertige Weinveranstaltungen im Jahreslauf. Heute werden in den Eppaner Weindörfern zwei Drittel Weiß- und ein Drittel Rotweine erzeugt, mit denen sich neben mehreren privaten Weinproduzenten die renommierten **Kellereien St. Michael, Girlan und Schreckbichl** im obersten Spitzenfeld der Südtiroler Weinwelt befinden. Einblick in den Eppaner Weinbau gewährt der Natur- und **Weinlehrpfad „Hoher Weg" in Girlan**. Er führt ausgehend von der Kellerei

Weinberge in Eppan mit den Burgen Hocheppan, Boymont und Korb.

Girlan auf einer Länge von 1,7 km durch die Weinberge und erzählt auf 15 Informationstafeln viel Wissenswertes über die Rebe und den Wein.

Der ganze Reichtum dieser gesegneten Weinlandschaft im Überetsch erschließt sich auch bei einer **Wanderung** von **St. Pauls** über die an Ansitzen reiche **Fraktion Berg** und zurück. Nach einem Spaziergang durch die prachtvolle historische Dorfgasse von St. Pauls und der Besichtigung der 1552 vollendeten Pfarrkirche, eines der beeindruckendsten Werke der Spätgotik in Tirol, folgen wir der gegenüberliegenden Fahrstraße aufwärts. Nach wenigen Minuten kommen wir zu einer Kreuzung, wo wir uns links halten. Unterhalb der Straße begegnen uns die Ausgrabungen der **Römervilla** aus dem 4. Jahrhundert n. Chr. Wir biegen nun bald rechts in einen Weg ein, der uns zum **St.-Justina-Kirchlein** emporbringt. Nach links erreichen wir Eppan Berg, wo wir nach Belieben durch die kleinen Sträßchen schlendern und die Architektur der schönen Ansitze bewundern können. Beim **Schloss Freudenstein** gehen wir hinab zum Gasthof Turmbach und dann links über den Platzl-, Reinsberg- und Aichweg zurück nach St. Pauls.

Ausgangspunkt: Ortszentrum St. Pauls
Gehzeit: 2 h
Höhenunterschied: 200 m

Rundwanderung von Kaltern zum Kalterer See

Keine andere Landschaft im südlichen Tirol steht so eindeutig für den Wein wie Kaltern und der Kalterer See. Kaltern ist der Wein-Punkt auf der Landkarte Südtirols: wein.kaltern eben, wie eine im Jahr 2010 gestartete Initiative heißt, mit der die Kalterer seitdem mit großem Erfolg ihre **Weinkultur** zelebrieren. Die zweite große Gemeinde des Überetschs breitet sich zwischen dem Mendelgebirge und dem Kalterer See aus. Vom Marktzentrum führen Weinberge zu den höher gelegenen Ortsteilen **Mitterdorf, St. Anton, Pfuss** und **St. Nikolaus,** an die sich gegen Tramin hin **Altenburg** anschließt. Im Norden rahmen **Unter- und Oberplanitzing,** im Süden **St. Josef am See** das Siedlungsgebiet ein. Die qualitätsvolle Architektur der Ansitze und Weinhöfe mit ihren Torbögen, Zinnen, Erkern und Loggien verdichtet sich in Kaltern zu einem der schönsten Ortsbilder Südtirols. Prägend ist auch hier der **Überetscher Baustil**. Der Marktplatz vor der Pfarrkirche zu Maria

Der Kalterer See mit seinen berühmten Weinlagen.

Das Weindorf Kaltern ist reich an Ansitzen und historischen Weinhöfen.

Himmelfahrt bietet eine einzigartige Kulisse für zahlreiche **Weinveranstaltungen** im Jahreslauf. Gleich daneben befindet sich das **Südtiroler Weinmuseum,** wo die Geschichte des Weinbaues von der Urzeit bis in die Gegenwart präsentiert wird. Die **Weine aus Kaltern** wurden immer schon zu den besten des Landes gezählt: So ist bereits 1074 in einer Kalterer Urkunde von „vinea pretiosa", einem kostbaren Weingut, die Rede – und noch heute werden die Weine der **Kellerei Kaltern** und anderer hiesiger Weinproduzenten mit hohen und höchsten Auszeichnungen bedacht. Mit einer Anbaufläche von **727 ha** ist Kaltern die zweitgrößte Weinbaugemeinde Südtirols. Rot- und Weißweine halten sich in etwa die Waage. Die häufigste Rebsorte ist mit über 200 ha der **Vernatsch,** gefolgt von **Weißburgunder** (86 ha), **Gewürztraminer** (72 ha) und **Chardonnay** (72 ha). Bei den Rotweinen steht der **Lagrein** mit 45 ha an zweiter Stelle. Zusammen nehmen die autochthonen Sorten Vernatsch, Lagrein und Gewürztraminer fast die Hälfte des Anbaugebietes ein. Das europaweit bekannte Aushängeschild der Kalterer Weine ist der Kalterer See. Das geschützte Ursprungsgebiet des **Kalterersee-Weines** erstreckt sich über 1.000 ha von Nals bis Margreid. Sein Kernstück sind die Rebanlagen rund um den Kalterer See. Der größte natürliche See Südtirols ist rund 2 km lang und 1 km breit. Dorthin führt durch die berühmten Weinlagen mit ihren im Boden angegebenen rätoromanischen Namen der **Kalterer Weinweg.**

Vom Rottenburgerplatz im Ortszentrum gehen wir rechts die Mendelstraße hinauf, dann links in den Maria-von-Mörl-Weg. An dessen Ende wandern wir links der Hauptstraße entlang, biegen anschließend rechts ab und folgen ein Stück der Europastraße, von der wir rechts in den **Barleiterweg** abbiegen. Auf diesem Weg mit der Nr. 12 gehen wir in Richtung Kalterer See bis zum Barleiterhof und dann weiter auf dem Wanderweg Nr. 12A bis zum Kalterer Ortsteil **St. Josef am See.** Hier folgen wir dem Seeweg entlang der Weinstraße in Richtung Kaltern, der bald in Richtung See hinunterführt. Wir folgen dem Seerundweg Nr. 3 bis zum See mit dem dortigen Badebetrieb. Beim Restaurant Geier steigen wir immer der Markierung Nr. 3 folgend durch Weingüter zur Weinstraße hinauf, überqueren diese und gelangen so vorbei am Ansitz Windegg zurück ins Marktzentrum.

Ausgangspunkt: Ortszentrum Kaltern, Rottenburgerplatz
Gehzeit: 2,5 h
Höhenunterschied: 275 m

Rundwanderung in der Heimat des Gewürztraminers

Der **„Traminer“** galt schon im Mittelalter als *der* Südtiroler Wein. Kein Wunder, dass 1214 beim Bau der Burg Kastelaz die Anlage von Weinkellern für die Ortsbevölkerung eine besondere Rolle spielte. 1443 stattete Kaiser Friedrich III. höchstpersönlich Tramin einen Besuch ab, weil „da wachst gar aus der massen guett Wein“! Später ließ sich die Augsburger Patrizierfamilie der Langenmantel in Tramin nieder, um den „Wälschsweinhandel“ im großen Stil zu organisieren. In ihrem noblen Ansitz in der heutigen Schneckentaler-Straße richteten sich die Langenmantel ein **Trinkstübchen** ein, das sie 1547 von Meister Bartlmä Dill Riemenschneider mit vor- und mitunter auch anzüglichen Fresken aus-

Wanderweg beim Weindorf Tramin, der Heimat des Gewürztraminers.

malen ließen. Der Orts- und Weinhistoriker Roland Zwerger hält es für möglich, dass die Weißweintraube, die der Gott Janus auf einer dieser Darstellungen in der Hand hält, der einst so verbreiteten, heute aber verschollenen Weinsorte **Weißer Lagrein** angehört, zu deren Spielarten die berühmte Sorte (Gewürz-?)„Traminer" gehörte. Die Gemeinde Tramin verfügt als „Heimat des Gewürztraminers" gegenwärtig über **318 ha Rebflächen** und ist damit die fünftgrößte Weinbaugemeinde des Landes. Der Wohlstand, den der Weinbau den Bauern und Herren für ihre harte Arbeit in den sonnenheißen Weinleiten gewährte, spiegelt sich eindrucksvoll in der behäbigen, vornehmen Architektur der Häuser und Höfe wider, die Tramin eines der schönsten Dorfbilder unseres Landes bescheren.

Davon können wir uns selbst beim **Start unserer Rundwanderung** überzeugen, wenn wir vom **Rathausplatz** über die Julius-von-Payer- und die Andreas-Hofer-Straße an das südwestliche Dorfende gehen, wobei wir es nicht versäumen sollten, dem hochinteressanten **Dorfmuseum** unterhalb des schönen Dorfplatzes einen Besuch abzustatten. Nach diesem Gang durch das historische **Ortszentrum von Tramin** führt rechts ein im unteren Teil schön gepflasterter, von alten Trockenmauern umrahmter Weg steil durch Weinberge und Mischwald zum malerischen Grauner Loch empor (Markierung Nr. 5). Oberhalb der Felsenenge

Weinwirtschaft in Frauenhand: Elena Walch (Mitte) mit ihren Töchtern Julia (links) und Karoline (rechts).

öffnet sich bald die Fruchtschale der fast ebenen Hangterrasse von **Graun** mit ihren stattlichen Höfen und einzelnen ansitzartigen Gebäuden, welche an die alte Sommerfrische-Tradition des Weilers erinnern. Graun liegt wie ein sonniger Söller über dem wein- und obstgesegneten Südtiroler Unterland auf 800 m ü. d. M. Am Rand der fruchtbaren Terrasse steht das Kirchlein St. Georg mit seinen zierlichen romanischen Bogenfenstern. Wer dort sitzt und den Blick weit über Berg und Tal schweifen lässt, wird den Namenskundlern gern zustimmen, die Graun von „corona" (Krone) ableiten. Aber nicht nur das luftige Graun, das ganze **Unterland** mit seinen malerischen Dörfern, den zahlreichen Kunstdenkmälern und stattlichen Weinhöfen ist ein Kleinod, ein kostbares Stück Heimat, die sich hier im Schatten der Weinberge und in der Kühle alter Kellergewölbe besser und ursprünglicher bewahrt hat als in den meisten anderen Landesteilen. Wir können nun denselben Weg zurückwandern oder vorbei am Buschenschank Lenzenhof (Möglichkeit zur Einkehr März bis November) auf dem Forstweg in Richtung Norden bis zur Zogglerwiese mit Holzhaus und den Resten eines ehemaligen Hofes gehen. Der Steig Nr. 6 führt uns steil hinunter zum Hügelkirchlein **St. Jakob in Kastelaz** mit seinen berühmten romanischen Fresken und weiter zurück ins Ortszentrum von Tramin.

Ausgangspunkt: Ortszentrum Tramin
Gehzeit: 3,5 h
Höhenunterschied: 600 m

Über den Kurtatscher Weinlehrpfad weiter nach Penon

Das alte Weindorf Kurtatsch liegt hoch über dem Etschtal, von dem es durch einen felsigen Steilabfall getrennt ist. Diese überschwemmungssichere Lage abseits der einst weit verbreiteten Sümpfe ließ die Streusiedlung bis zu Beginn des 20. Jahrhunderts zur bevölkerungsreichsten Gemeinde des Unterlandes werden. Ungewöhnlich zahlreiche Funde aus der Römerzeit unterstreichen die Gunstlage der Mittelgebirgsterrasse mit dem Hauptort **Kurtatsch** und den Weilern **Entiklar, Hofstatt** und **Penon.** Höher oben gegen den Mendelkamm hin liegen die Fraktionen **Graun** und **Unterfennberg.** Reizvolle Einblicke in die reiche Geschichte dieser Landschaft gewährt das ganzjährig geöffnete **Museum Zeitreise Mensch** im Ansitz am Orth. Neben der Pfarrkirche zum hl. Vigilius mit ihrem stattlichen romanischen Glockenturm dokumentieren die historischen Gasthöfe Rose und Schwarz Adler den Wohlstand, den der Weinbau mit sich brachte und den auch der Adel auf den zahlreichen **Ansitzen** Ortenburg, Strehlburg, Staffelfeld, Eberle, Nußdorf, Altlehen und Voldersberg zu schätzen wusste. Heute werden auf **310 ha** von der 1910 gegründeten **Kellerei Kurtatsch,** der **Schlosskellerei Turmhof** und von weiteren

Auf dem Weinlehrpfad von Kurtatsch nach Penon.

privaten Weinproduzenten hervorragende Weine produziert, von denen der Cabernet Sauvignon zu den besten Südtirols gezählt wird. Mittlerweile dominiert der Weißwein mit 194 ha gegenüber 116 ha Rotwein.

Ein Besuch in Kurtatsch beginnt am besten mit der Besichtigung der Pfarrkirche, von der aus man einen schönen Blick auf das Dorf und das Unterland genießt. Aufwärts gelangt man zum Dorfplatz, der nach dem Schützenkommandanten und Schwarz-Adler-Wirt Josef Vigil Schweiggl benannt ist. Rechts vom historischen Gasthof befindet sich das erwähnte Museum Zeitreise Mensch. Nach einem Spaziergang durch die Dorfgassen mit ihrer reichen alten Bausubstanz folgen wir der Endergasse vorbei am Tourismusbüro bis zum Beginn des **Kurtatscher Weinlehrpfades.** Die dort angebrachte **Saltnerpratze** begleitet uns als Kennzeichen des Lehrpfades nun auf rund 1,5 km durch die geschlossene Rebenlandschaft bis nach **Entiklar.** 18 Schautafeln erzählen von der Arbeit der Weinbauern im Jahreslauf und geben uns spannende Informationen zur Unterlandler Weinkultur. Beim **Ansitz Turmhof** (Möglichkeit zur Einkehr) mit seinem romantischen Schlosspark endet der Weinpfad. Wir steigen nun über die selten befahrene Höfezufahrt (Kofelweg) vorbei am Ansitz Voldersberg steil hinauf nach **Penon.** Dabei sind 300 Höhenmeter zu überwinden, sodass sich diese Wanderung nicht unbedingt für die heißen Sommermonate empfiehlt. Penon mit seiner St.-Nikolaus-Kirche liegt auf knapp 600 m ü. d. M. und bietet einen einzigartigen Blick auf das Unterland. Als Rückweg nach Kurtatsch wählen wir den Fahrweg, der unterhalb des Ortskernes in nordöstlicher Richtung ins Tal hinunterführt. Damit **endet die Rundwanderung**.

Auf der Hin- oder Rückfahrt lohnt es sich, dem **Nachbardorf Kurtinig** einen Besuch abzustatten. Es liegt als einziges Dorf mitten in der Talebene. Der langjährige Direktor im Landesamt für Landschaftsökologie, Martin Schweiggl, bezeichnet Kurtinig als „Dorf der Hausreben", welche in großer Anzahl den malerischen Ortskern um die Pfarrkirche St. Martin schmücken. Mit 82 ha Hektar Rebfläche ist Kurtinig auch heute noch ein wichtiges Weindorf im Unterland.

Ausgangspunkt: Ortszentrum Kurtatsch
Gehzeit: 2,5 h
Höhenunterschied: 300 m

Die Hausrebe in der Grafengasse im Weindorf Margreid wurde 1601 gepflanzt.

Rundwanderung vom Weindorf Margreid zum Ansitz Entiklar

Kaum ein zweites Südtiroler Dorf besitzt einen derart malerischen Ortskern wie Margreid. Um einen zentralen Platz stehen aneinandergereiht historische Weinhöfe und Adelssitze, in deren Architektur sich die deutsche Gotik mit südlicher Renaissance und heiterem Barock vermischt. Sie verleihen dem Dorf einen unverkennbar südlichen Charakter. Die besondere Eigenart des **Ortsbildes** von Margreid wird aber durch die unmittelbar dahinter aufsteigenden, fast 1.000 m **hohen Kalkwände** geprägt, durch die der Fennerbach seinen Weg ins Tal nimmt. Der große Chronist des 19. Jahrhunderts, Johann Jakob Staffler, führt die hervorragende Qualität der Margreider Weine auf den „Sonnenreflex von den abwärts ziehenden Felswänden“ zurück. Tatsache ist, dass die hier gelegenen Weingüter sich schon immer großer Wertschätzung erfreuten, wie die **Adelssitze** Hirschprunn, Brunner, Salvadori, Königsegg und Stetten bezeugen. Nicht zufällig hat sich in Margreid in der Grafengasse die **älteste datierte Weinrebe** Europas erhalten, welche 1601 gepflanzt wurde. Die **Privatkellerei Alois Lageder** ist mit ihren Spitzenweinen aus

Hirschbrunn in Margreid, einer der zahlreichen Edelsitze, welche die Architektur der Dörfer im Unterland prägen.

biologisch-dynamischem Anbau weit über die Landesgrenzen hinaus bekannt. Die zum Weingut gehörende Vineria Paradeis ist der Ausgangspunkt für wöchentlich stattfindende Kellerführungen. Mit **166 ha Rebflächen** bestimmt der Weinbau nach wie vor die Wirtschaft des Dorfes.

Wir starten unsere Wanderung am Dorfplatz, von wo aus wir den alten, heute kaum mehr befahrenen Weg in Richtung Fennberg emporwandern. Der Weg führt steil zwischen Weinbergen hinauf auf eine breite Hangverflachung, die ebenfalls mit Weinreben bepflanzt ist. Immer wieder eröffnen sich schöne Ausblicke auf das Etschtal und die gegenüberliegende Talseite. Nach etwa 40 Minuten folgen wir dem Wegweiser „Entiklar", der nach rechts weist. In einer Viertelstunde haben wir den kleinen Weiler mit seiner barocken Marienkapelle und dem Ansitz Entiklar erreicht. Der malerische Herrensitz der Familie Tiefenthaler mit angeschlossener Kellerei gehörte einst zur 1275 etwas erhöht gebauten Burg. Wir folgen der schmalen Straße bei der Kirche in südliche Richtung hinunter zur Weinstraße, auf der wir das Naturdenkmal Regenstein passieren und in einer weiteren Viertelstunde zurück nach Margreid gelangen.

Ausgangspunkt: Ortszentrum Margreid
Gehzeit: 1,5 h
Höhenunterschied: 250 m

Wandern auf Dürers Spuren an der Salurner Klause

„Von Sigmundskron der Etsch entlang bis zur Salurner Klaus“, heißt es in der inoffiziellen Südtiroler Landeshymne „Wohl ist die Welt so groß und weit“. „Das schönste Stück davon“ oder jedenfalls eines der schönsten ist der südlichste Winkel Südtirols an der Salurner Klause. Dass wir uns in einem **uralten Grenzgebiet** befinden, bezeugt die Schlacht zwischen Langobarden und Franken, die im Jahre 575 hier stattfand. Im Mittelalter bewachte die **Haderburg,** eine der kühnsten Burganlagen des Landes, die Felsenenge an der Grenze von Südtirol und Trentino. Darunter liegt das alte **Straßen- und Weindorf Salurn** mit seinen zahlreichen Edelsitzen aus dem 15. bis 18. Jahrhundert und der imposanten frühbarocken Pfarrkirche St. Andreas. Salurn bildete viele Jahrhunderte lang eine wichtige Station an der ehemaligen Römer- und späteren

Salurn ist die südlichste Gemeinde von Südtirol: Im Bild ein typischer Weinhof im Dorf.

Die Haderburg, erbaut von den Grafen von Salurn im 13. Jahrhundert, war berühmt für ihren Weinkeller.

Reichsstraße, die Italien mit den Ländern nördlich der Alpen verband. Im nahen Laag erinnern das „Klösterle“ als mittelalterliches Hospiz und die romanische St.-Florian-Kirche an diese **europäische Transitroute.** Von Salurn führte ein weiterer Weg über den Sauchsattel ins Cembratal bzw. in die Ebene von Rotaliana, der vor allem bei den häufigen Etschüberschwemmungen geschätzt wurde. Auch **Albrecht Dürer** benützte 1494 bei seiner Italienreise diese Route, woran mehrere Zeichnungen und Aquarelle des großen Meisters erinnern. Neben der günstigen Verkehrslage war es vor allem der Wein, der Salurn zu einem stattlichen Markt werden ließ. Der **Weinkeller der Haderburg** bzw. die Sage davon fand sogar Eingang in die Sagensammlung der Gebrüder Grimm. Ein gebürtiger Salurner, der trinkfeste **Hofnarr Perkeo** des Kurfürsten Karl Philipp von der Pfalz, brachte es sogar zu internationaler (Wein-)Berühmtheit. Auch heute noch zählt Salurn mit **450 ha Weingütern** zu den größten Weinbaugemeinden des Landes. Beim **Torbogenfest,** das alljährlich zu Pfingsten stattfindet, kann das alte Weindorf mit all seinen malerischen Winkeln erlebt und natürlich auch der vorzügliche Salurner Wein verkostet werden.

Die Weinberge reichen bis nach Buchholz (560 m) hinauf, wohin die folgende **Rundwanderung** führt. Sie beginnt in **Laag** und folgt einem

Teilstück des sogenannten Dürerweges. Vom Freiheitsplatz aus steigen wir der Markierung Nr. 7 folgend zunächst auf einem kaum befahrenen Sträßchen, dann auf einem teilweise schön gepflasterten Fußweg steil aufwärts. Über eine wohl noch ins Mittelalter zurückreichende gemauerte Brücke, die natürlich wie alle alten Steinbogen als „Römerbrücke" bezeichnet wird, überqueren wir den Laukesbach, der von der Salurner Fraktion Gfrill herunterkommt. Dort verlassen wir die Markierung Nr. 7 und wandern rechts nach **Buchholz** hinauf. Die kleine Siedlung im Mittelgebirge rund um die St.-Ursula-Kirche mit ihrem romanischen Glockenturm liegt inmitten von Weinbergen. Es lohnt sich, den **Skulpturengarten** unterhalb des Ortskernes zu besichtigen, den die Künstlerin Sieglinde Tatz Borgogno in einem Waldstück angelegt und mit 200 Bronzefiguren und anderen Kunstobjekten ausgestattet hat. Von dort folgen wir rechts der Straße und wandern dann auf einem Waldweg hinunter in die Talsohle, wo uns die kaum befahrene Straße vorbei am Ansitz Karneid zurück nach Laag bringt.

Ausgangspunkt: Ortszentrum Laag
Gehzeit: 3 h
Höhenunterschied: 480 m

Von Neumarkt über Castelfeder und Montan nach Pinzon

Zu jenen immer spärlicher werdenden Gegenden, die ihre in vielen Jahrhunderten gewachsene Eigenart glücklicherweise bis heute bewahrt haben, gehört das **Südtiroler Unterland.** All das, was den unvergleichlichen Reiz des südlichen Tirols ausgemacht hat, ist hier noch unversehrt versammelt: alte, in sich ruhende Dorfsiedlungen und ein stattlicher Marktflecken mit historischen Laubengängen, kunstvolle Kirchen und stolze Burgen, erkergeschmückte Weinhöfe, urtümliche Steinplattenwege und Trockenmauern – und all dies liegt eingebettet in einer südlichen Landschaft voller Anmut und Liebreiz. Stolz erhebt sich der geheimnisvolle Hügel von Castelfeder, das Arkadien Tirols, über die weingesegneten Fluren. Es scheint so, als ob die Zeit hier, nein, nicht stehen geblieben, aber vielleicht etwas langsamer dahingeflossen wäre

Blick auf die Weinberge des Weinguts Baron Longo rund um das Villner Schlössl in Vill bei Neumarkt.

zwischen traubenschweren Rebstöcken und altem Mauerwerk. Ob dabei etwas versäumt wurde? Wohl nicht. Vielmehr hat sich hier im Weinland der kostbare Schatz einer einzigartigen Kulturlandschaft erhalten, um den andere die Unterlandler schon bald beneiden werden. Seit den Anfängen der Besiedelung ist es der Wein, welcher dieses Gebiet prägt. Im Gemeindegebiet von **Neumarkt** befinden sich heute **113 ha** Rebflächen, in **Montan** sind es **165 ha.** Die Blauburgunderlagen in Mazon und Montan zählen zu den besten Italiens. Die **Blauburgundertage,** die jedes Jahr hier stattfinden, haben sich zu einem Treffpunkt der internationalen Weinwelt entwickelt. Auch die Veranstaltung **Wein & Lauben** in Neumarkt lockt jedes Jahr zahlreiche Weinfreunde an.

Wir beginnen unseren **Rundweg** im Neumarkter Ortsteil **Vill** mit seiner schönen gotischen Kirche. Vom Parkplatz gegenüber der Bar Vaja gehen wir auf der Fahrstraße ca. 300 m zurück. Kurz nach der Tankstelle zweigt rechts ein Feldweg ab, der leicht aufwärts durch Weinberge bis zu einem Nussbaum führt. Beim Baum halten wir uns links und erreichen in wenigen Minuten das Schild „Castelfeder". Jetzt geht es wieder links auf schmalem Steig durch lichten Eichenwald zur ehemaligen Trasse der Fleimstalbahn empor. Auf dieser wandern wir dem Hinweis

„Castelfeder" folgend zu der wie eine Insel aus dem Meer der Wein- und Obstgüter herausragenden Porphyrkuppe. Die karge Landschaft von **Castelfeder** mit ihren eindrucksvollen, von der St.-Barbara-Kirche aus dem 7. Jahrhundert gekrönten Resten uralter Besiedelung wird von einer ganz besonderen Stimmung geprägt. Wir gehen auf demselben Weg zurück und folgen dann links der Beschilderung „Montan–Pinzon Nr. 5". Nach 20 Minuten überqueren wir die Fleimstalerstraße und steigen nach 200 m links nach **Montan** hinauf. Das alte Weindorf mit seinem malerischen historischen Ortskern, über dem das stattliche Schloss Enn thront, zählt zu den schönsten Dörfern des Etschtales. Am südlichen Ortsende zweigen wir rechts ab und folgen der Beschilderung „Kalditsch-Bahnweg", welche uns auf ebenem Weg in einer halben Stunde in Richtung Pinzon leitet. Bei der ersten Wegteilung halten wir uns links aufwärts und nach 100 m rechts eher steil abwärts nach **Pinzon,** wo in der Stephanskirche einer der schönsten gotischen Flügelaltäre Tirols steht. Auf dem Tschalfairweg gelangen wir durch Weinberge zu den aussichtsreichen „Pinzoner und Glener Eggen". Von hier führt die Markierung Nr. 1 zurück nach Neumarkt. Beim Gasthof Rauscher erreichen wir die Hauptstraße. Wir queren den gegenüberliegenden Parkplatz und gelangen auf einem schönen Wiesenweg zurück zum Ausgangspunkt.

Auf der Hin- oder Rückfahrt nach Neumarkt sollte man es nicht versäumen, dem Nachbardorf **Auer** einen Besuch abzustatten und durch die mit ortstypischen Mauern eingerahmten Gassen des Oberdorfes zu spazieren. In der Nähe der spätgotischen Pfarrkirche St. Peter befinden sich die Ansitze Fioreschy und Baumgarten, in der hier untergebrachten Fachoberschule für Landwirtschaft spielt der Weinbau eine wichtige Rolle. Oberhalb von Auer liegt auf einem Hügel das **St.-Daniel-Kirchlein** mit seinen Fresken aus der Zeit um 1410/20 und einem 1525 entstandenen Flügelaltar. Die umliegenden Weingüter versorgten vom Mittelalter bis in die Neuzeit das im rauen Pustertal gelegene Benediktinerinnenstift Sonnenburg mit vorzüglichem Wein. Heute gibt es in Auer **53 ha Rebfläche.**

Ausgangspunkt: Neumarkt, Ortsteil Vill
Gehzeit: 3 h
Höhenunterschied: 400 m

Wanderung durch Kastanienhaine von Leifers nach Seit

Wenige Kilometer südlich von Bozen liegen die drei Gemeinden Leifers, Branzoll und Pfatten. Leifers entwickelte sich in der Faschistenzeit von einem kleinen Dorf zu einer dicht verbauten Stadt mit heute 18.000 Einwohnern. Nahezu unbekannt ist, dass die berühmte Gnadenmutter von Maria Weißenstein, dem wichtigsten Wallfahrtsort des Landes, 1787 in der Leiferer Pfarrkirche St. Anton und Nikolaus aufgestellt wurde, wo sie heute noch zu sehen ist. Die Gegend von **Leifers, Pfatten und Branzoll** gehört zu den alten Weinbaugebieten des Etschtales. Die ungewöhnlich reichhaltigen bronze- und eisenzeitlichen Funde in Pfatten (Stadlhof) und die römerzeitlichen Häuser in Branzoll belegen eine frühe Besiedelung der Dörfer an der Etsch. Noch heute wachsen auf insgesamt **132 ha (Pfatten 75 ha, Leifers 34 ha, Branzoll 23 ha)** ausgezeichnete Weine. Mehr noch als durch den Wein profitierten die drei Dörfer vom Warentransport auf der Etsch, die ab hier voll schiffbar war. Vor allem die begehrten Qualitätshölzer vom Reggelberg wurden von den Reif- und Ländplätzen bei Leifers und Branzoll auf die große Fahrt nach Süden geschickt. Vom Mittelalter bis 1806 genossen mehrere Handelsfamilien aus Sacco das **Schifffahrtsmonopol auf der Etsch,** das ihnen vom Trientner Fürstbischof verliehen und später von den Habsburgern immer wieder bestätigt worden war. Mit dem daraus erwirtschafteten Reichtum errichteten diese später geadelten Herrschaften vor allem in Branzoll prächtige Renaissancepaläste wie den Ansitz Mamming (Palais Bossi-Fedrigotti). Sie umrahmen gemeinsam mit der gotischen St.-Leonhard-Kirche einen der schönsten Dorfplätze Südtirols. Das endgültige Aus für den Holz- und Warentransport kam mit der Inbetriebnahme der Eisenbahnlinie Verona–Bozen im Jahre 1859. Bekannt ist Branzoll auch wegen seiner Porphyrbrüche, wo im 19. Jahrhundert bis zu 500 Arbeiter beschäftigt waren.

Auf Pfattner Gemeindegebiet befindet sich hingegen das **Landesweingut Laimburg** mit Versuchsanstalt, Fachschule für Obst-, Wein- und Gartenbau, Kellerei und dem berühmten Felsenkeller.

Einen schönen Blick auf dieses alte Weinbaugebiet bietet eine **Wanderung nach Seit** mit seinen reben- und kastanienreichen Hangterrassen. Wir fahren dazu zunächst die schmale Straße nach Seit hinauf, die vom

Wo Reben auf Kastanien treffen: Herbststimmung in Seit oberhalb von Leifers, im Bild der Oberosler-Hof.

großen Kreisverkehr bei der Gewerbezone Wurzer zwischen St. Jakob und Leifers gelegen abzweigt. Bei oder nach der Fraktion **Steinmannwald** besteht an der Straße entlang an da und dort die Möglichkeit, das Auto abzustellen. Spätestens beim Gasthof Rechtebner findet sich eine Parkmöglichkeit, wofür wir uns bei der Rückkehr mit einer kürzeren oder längeren Einkehr bedanken. Zunächst geht es aber auf dem weiß-rot markierten Fußweg durch Buschwald, vorbei an Weingärten und herrlichen Kastanienhainen steil aufwärts. Mehrere der übereinander gereihten Höfe schenken auch saubere Weiß- und Rotweine auf und servieren im Herbst die schmackhaften Seiter Keschtn dazu. Nach einer guten halben Stunde bietet der teilweise noch mit schönen Steinplatten befestigte Weg oberhalb des Hofes Oberosler einen wunderschönen Talblick. Wir stehen am oberen Rand eines Weinberges, hinter uns bilden uralte Kastanienbäume ein schattiges Dach, weit unten im Tal liegt das Häusermeer von Leifers, fließt die Etsch gegen Süden. Gegenüber sehen wir den Nachbarweiler Breitenberg mit dem alten Wallfahrtsweg, der vorbei am Kirchlein St. Peter nach Maria Weißenstein führt. Bald stehen wir nun vor der schlichten Kirche von Seit, die dem seligen Heinrich geweiht ist. Wir gehen ein Stück weiter aufwärts zum Gasthaus Rutter und genießen das Panorama. Auf demselben Weg oder teilweise auch auf der kaum befahrenen Straße kehren wir zum Ausgangspunkt zurück.

Ausgangspunkt: Steinmannwald bei Leifers, Straße nach Seit
Gehzeit: 2 h
Höhenunterschied: 300–400 m

Eisacktal

Törggelewanderung nach Signat am Ritten

Der **Ritten** ist jenes berühmte Hochplateau am Eingang ins Eisacktal hoch über Bozen, das mit **77 ha Reben** zu den wichtigen Weinbaugebieten im Umkreis der Landeshauptstadt gehört. Über den Bozner Weinleiten von St. Magdalena, Leitach und Unterplatten „hocken unter Köstenbäumen die Signater Höfe“ (so der Richter und Autor Richard Staffler) rund um das Kirchlein St. Martin; dahinter steigt der dunkle Wald hinauf nach Maria Himmelfahrt und Oberbozen. Südtirol ist dort am schönsten, wo Wiese und Wald aneinandergrenzen. Dieser schmale Streifen zwischen Natur- und Kulturlandschaft ist in den südlichen Talschaften das **Reich der Edelkastanie.** Als der Charakterbaum der bäuerlichen Kulturlandschaft wurde die Kastanie bezeichnet und es gibt tatsächlich keinen zweiten Baum, der den Talrändern und Mittelgebirgen an Etsch und Eisack so nachhaltig seinen Stempel aufdrückt wie diese mächtigen, oft viele hundert Jahre alten Bäume. Der kleine Weiler **Signat am Ritten** ist einer jener Orte, wo Wiese und Wald, Haus und Hof noch eins sind mit der Landschaft. Weit schweift der Blick hinunter ins Tal und nach Bozen, wo das Leben hektisch pulsiert und alles schnell gehen muss.

Wir beginnen unsere Wanderung am kleinen Parkplatz hinter der Bushaltestelle oberhalb des Gasthauses Unterinnerhof circa 7 km ab Beginn der Rittnerstraße von Bozen startend. Wir folgen der Rittnerstraße nun zu Fuß rund 100 m weiter aufwärts, überqueren diese dann und steigen links steil hinauf (Markierung 5/A Unterinn). Beim ersten Hof gehen wir rechts hinauf, halten uns bei der ersten Weggabelung weiterhin rechts und bei der nächsten links. So kommen wir zum **Signater Keschtnweg** (Schild), dem wir nach links folgen. Rechts geht es nach Unterinn. Zuerst leicht, dann steiler ansteigend erreichen wir das felsige Eck, hinter dem die kleine Kapelle „Signater Bild“ steht, von wo aus man einen herrlichen Ausblick genießt. Bald sind wir nun beim **Partschuner,** auf fast 1.000 m ü. d. M. **einer der höchsten Weinhöfe der Bozner Umgebung** (Möglichkeit zur Einkehr). Etwas oberhalb des Hofes steht ein mächtiger Kastanienbaum, der sowohl seines Alters wie

Weinberge an der Rittnerstraße.

auch seiner Höhenlage wegen Beachtung verdient. Der Fahrstraße abwärts (Signat-Keschtnweg) gelangen wir zur Signater Kirche und zum Gasthof Signaterhof. 200 m weiter unten biegen wir rechts in den Fußweg Rentsch Nr. 5 ein, der uns durch Wald und Wiesen zum Burgstallerhof führt. Rechts darunter liegen die beliebten **Buschenschänke Patscheider und Loosmann**. Wir wandern vom Burgstaller auf dem Fahrweg bis zur Signaterstraße, folgen dieser 200 m abwärts und biegen dann links in die Forststraße (Plattner Kreuz Nr. 31) ein, welche uns zum Ausgangspunkt unseres Rundweges zurückbringt.

Die Buschenschänke von Signat sind vor allem während der **Törggelezeit** im Oktober und November beliebte Einkehrstätten, weshalb diese Wanderung sich gerade auch im Herbst eignet.

Anfahrt: Rittnerstraße, Gasthaus Unterinnerhof
Gehzeit: 2,5 h
Höhenunterschied: 250 m

Auf alten Wegen von Atzwang zum St.-Verena-Kirchlein

„Kein anderer Platz im unteren Eisacktal liegt so sehr im Brennpunkt der Schönheit wie das einsame **Kirchlein der heiligen Verena** (883 m). Die reizvolle Gegensätzlichkeit zwischen einer weiten Tal- und Mittelgebirgslandschaft im Norden und den hohen Dolomitenriffen überm Tal, der Hügel selbst – mit seinen gletschergeschliffenen Felsbuckeln wie von der Hand des Schöpfers modelliert –, dazu der Hauch jahrtausendealter Geschicke an einst vielbefahrenen Straßen, und dies alles umspielt von Birkenlaub, von weißblühenden Eschen und umrauscht vom Lied der Wälder – das ist Rittner und Südtiroler Landschaft in schönster Vollendung." Schöner und romantischer kann man den ungewöhnlichen Reiz dieses Kirchenhügels hoch über dem Eisacktal wohl kaum beschreiben, als dies der verdiente Landeskundler Josef Rampold getan hat.

Unsere Wanderung nimmt ihren Anfang in Atzwang. Der kleine Weiler liegt zwar in der Schlucht des Eisacks, gehört aber zur Gemeinde Ritten. Im **Gasthof Zur alten Post** mit seinen schönen Renaissanceformen lebt noch ein Stück der alten Brennerstraße. In den gedunkelten

Der Zunerhof in Antlas am Ritten mit Andreaskapelle und Schlern im Hintergrund.

Stuben haben die Fuhrleute wohl so manchen guten Tropfen getrunken. Im Völser Ried, das auf der gegenüberliegenden Talseite liegt, befindet sich noch heute ein Großteil der insgesamt **28 ha Weinberge** der Gemeinde unterm Schlern. Von Atzwang oder auch vom nahen Weiler Steg aus kann man nach **Siffian** hinaufwandern, wo beim Schlosshof nahe der Ruine Stein ein süffiger Vernatsch und ein kräftiger Kerner kredenzt werden. Wir nehmen diesmal aber den **alten Pflasterweg** (Markierung L), der von Atzwang aus rechts vorbei an einem schönen, neu angelegten Weinberg und dann durch Buschwald nach Antlas emporführt. Nach einer knappen Stunde erreichen wir den **mit alten Fresken geschmückten Zunerhof** (Möglichkeit zur Einkehr) und das danebenliegende St.-Andreas-Kirchlein, das ähnlich schön und altehrwürdig wie seine weiter nördlich befindliche Schwesterkirche zur hl. Verena weit ins Land grüßt. Wir befinden uns in **Antlas,** einem einsam auf malerischer Hangterrasse gelegenen Weiler, von wo aus bald das Dorf Lengstein zu erreichen ist. Vor dessen Pfarrkirche zur hl. Ottilia siegelte kein Geringerer als Kaiser Friedrich Barbarossa höchstpersönlich

1177 die Verleihung eines Jahrmarktes zugunsten des Klosters Neustift. Wir folgen von Antlas aus rechts dem Weg Nr. 8 und gelangen am geschichtsträchtigen Penzlhof vorbei zum Kirchenhügel von **St. Verena** (896 m). Auf denselben Wegen wandern wir zum Ausgangspunkt der Tour nach Atzwang zurück.

Ausgangspunkt: Atzwang
Gehzeit: 3 h
Höhenunterschied: 400 m

Auf der Kaiserstraße von Kollmann nach Barbian

Bis ins 15. Jahrhundert war die Eisackschlucht südlich von Atzwang nicht befahrbar. Die Reisenden mussten deshalb über den Ritten ausweichen, um nach Bozen zu gelangen. 1027 verlieh Kaiser Konrad II. „in monte Rittena" die Grafschaft Bozen an den Bischof von Trient. Das erste Teilstück dieses alten „Kaiserweges" führt vom Straßendörfchen Kollmann hinauf nach Saubach. **Kollmann** beherbergte vermutliche schon die römische Straßenstation Sublavione. 1483 erbaute Erzherzog Sigmund das noch bestehende Zollhaus mit seiner reichen spätgotischen Fassadenbemalung, Tortürmen und Zinnen, wo bis 1829 der **landesfürstliche Zoll** eingehoben wurden.

Startpunkt unserer Rundwanderung ist der malerische Ortskern von Kollmann mit der Kirche St. Leonhard und der Pfarrkirche zur Hl. Dreifaltigkeit. Vom Dorfplatz aus gehen wir zunächst auf einem Steig bis zu den oberen Häusern, danach folgen wir der wenig befahrenen Straße nach Saubach, wobei wir teilweise auch noch den alten Weg (Nr. 8) der „Kaiserstraße" benutzen können. Dieser etwa einstündige Anstieg von **Kollmann nach Saubach** führt durch herrliche Kastanienhaine und bietet immer wieder herrliche Ausblicke auf die gegenüberliegende Trostburg. Bei der **St.-Ingenuin-Kirche** weitet sich der Blick auf St. Verena und das südliche Eisacktal. Die Kirche hat ihre heutige Form um 1500 erhalten. Aus dieser Zeit stammt auch der Flügelaltar aus der Werkstatt von Michael Pacher. Nun ist bald die Fahrstraße erreicht, welche nahezu eben in einer Dreiviertelstunde nach Barbian führt. **Barbian**

Die Zollstätte bei Kollmann wurde 1483 erbaut und fällt durch ihre reiche spätgotische Fassadenbemalung auf.

ist heute ein stattliches Dorf, dessen Häuser sich um die **Kirche St. Jakob mit ihrem schiefen Turm** scharen. Wer will, kann einen Abstecher zur berühmten Waldidylle von **Dreikirchen** machen (45 Minuten) oder zu den **Wasserfällen** des Ganderbaches hinaufwandern (unterer Wasserfall 40 Minuten, oberer Wasserfall 70 Minuten). **Wir steigen jedoch wieder nach Kollmann ab**, folgen dabei der Markierung Nr. 5 und kommen so an der barocken Heilig-Grab-Kapelle und den Schinterhöfen vorbei.

Sowohl beim An- als auch beim Abstieg passieren wir immer wieder Weinberge. Insgesamt weist das Gemeindegebiet von Barbian **15 ha Rebflächen** auf. Der Weinbau ist hier uralt. Schon 845 besaß das Bistum Freising Weingüter in Barbian. Dass der Wein von den steilen Stellen zwischen Saubach und Barbian und der Talsohle sehr geschätzt war, zeigt der Inhalt einer Urkunde von 1382, in welcher der Grundherr des Hofer-Hofes darauf pocht, informiert zu werden, „wann man wimmen will", um „den besten Vorlag [erste Pressung] und kainen Torkler [Druckwein]" zu erhalten. Noch heute kann man in mehreren **Weinhöfen bzw. Buschenschänken** die Qualität der Barbianer Weine an Ort und Stelle überprüfen. Neben den bekannten Weiß- und Rotweinen gibt es da und dort auch noch die **alten Sorten Furner und Portugieser**. Den besonderen Reiz dieser alten Kulturlandschaft fasst der Landschaftsplan der Gemeinde Barbian treffend zusammen: „Die Talhänge von Barbian-Saubach zeigen die vielgerühmte Eisacktaler Siedlungslandschaft in ihrer geradezu klassischen Ausprägung: kleinräumiger Wechsel zwischen Kulturflächen und Waldinseln, Flurgehölze, steppenartige Trockenrasen, Kastanienhaine; die Vielfalt der Kulturlandschaft selbst mit Wein- und Obstbau, Äckern, Wiesen und Weiden; die gewellte Geländestruktur mit ihrer Vielfalt an Lebensräumen, die übereinander gestaffelten Trockenmauern der Weinbergterrassen, uralte Pflasterwege, malerisch gruppierte Einzelhöfe, die in ihren typischen architektonischen Merkmalen und ihrer Baukörpergröße der kleinräumig gegliederten Landschaft angepasst sind."

Im Eisacktal ist der Ursprung der Südtiroler Törggele-Tradition zu finden. Diese Rundwanderung ist daher gerade auch zur **Törggelezeit** im Herbst geeignet und bietet mehrere Einkehrmöglichkeiten.

Ausgangspunkt: Ortszentrum Kollmann
Gehzeit: 3 h
Höhenunterschied: 350 m

Von Klausen über Weinhänge nach Villanders

Die steilen Leiten oberhalb von Klausen lieferten einen begehrten Tropfen, schon lange bevor Albrecht Dürer um 1494 das malerische Städtchen zeichnete. 1283 gab es sogar ein eigenes Klausner Weinmaß. Heute sind im Gemeindegebiet von **Klausen 42 ha** mit Reben bepflanzt. Zusammen mit **Feldthurns (50 ha), Villanders (42 ha), Barbian (15 ha)** und **Lajen (9 ha)** nimmt der Weinanbau um Klausen eine Fläche von **160 ha** ein, was etwa der Hälfte des Eisacktaler Weingebietes entspricht. Früher hielten sich in der nördlichsten Weinregion Südtirols und damit Italiens die Rot- und Weißweine die Waage. Heute dominieren im Eisacktal mit 86 % die **Weißweine.** Seinen hervorragenden Ruf in der Weinwelt verdankt das Eisacktal den Hauptsorten **Müller-Thurgau** (19 %), **Kerner** (17 %), **Sylvaner** (16 %), **Gewürztraminer** (15 %) und **Veltliner** (7 %). Sie gehören zu den Aushängeschildern der 1961 gegrün-

Schloss Branzoll und Säben, der heilige Berg Tirols, mit dem gleichnamigen Benediktinerinnenkloster.

deten **Eisacktaler Kellerei** mit derzeit 130 Mitgliedern und der viel besuchten Kellerei der **Augustiner Chorherren in Neustift.** Dazu kommen noch 18 „Freie Weinbauern", die besonders in den letzten Jahren mit ihren selbst gekelterten Weinen Furore machten. Im Weißweinparadies des Landes wächst aber auch der rote **Klausner Leitacher,** der den mehr oder weniger berühmten Malern, die bis nach dem Ersten Weltkrieg die malerischen Gassen des „Künstlerstädtchens" Klausen bevölkerten, so gut schmeckte. Bis Klausen und Villanders wurde die Rebe wie im Etschtal auf Pergln gezogen, im Brixner Raum herrschte hingegen von jeher das „Steckele"-Rebgerüst vor.

Wir beginnen unsere Wanderung beim Parkplatz vor dem Brixner Tor am Nordende von **Klausen.** Es ist noch gar nicht so lange her, dass sich der gesamte Brennerverkehr durch diese Maueröffnung und die enge Stadtgasse hindurchschlängelte. 1308 wurde Klausen erstmals Stadt genannt, die Siedlung zu Füßen von Säben, der Wiege des Bistums Brixen, ist aber zweifellos viel älter. Bis zur Säkularisierung war der Brixner Bischof der Herr der Stadt und damit Nutznießer der einträglichsten Zollstätte seines Mini-Fürstentums. Vorbei an der stattlichen spätgotischen Pfarrkirche St. Andreas gelangen wir ans **südliche Stadtende**, wo wir bei einer Tankstelle die Staatsstraße überqueren und beim **Ansitz Frag** mit dazugehöriger Kapelle auf dem Weg Nr. 4 in Richtung Villanders hinaufwandern. Den Weg säumen tausende Quadratmeter von schönen Trockenmauern, welche die kleinen Weinberge am Hang stützen. Halb verwilderte Zwetschgenbäume und prachtvolle Kastanienriesen sind unsere steten Begleiter. Bei einem gotischen Bildstock erreichen wir die Mittelgebirgsstufe, auf der sich die weit verstreuten Höfe von **Villanders** ausbreiten. Die Ausgrabungen aus der Römerzeit unterhalb des Schulgebäudes beweisen, dass diese sonnige Aussichtsterrasse über dem Eisacktal schon im Altertum geschätzt wurde. Berühmt ist der mittelalterliche Ortskern von Villanders mit dem **gotischen Gasthof Zum Steinbock**, der gepflasterten Dorfgasse und den Kirchen St. Stephan und St. Michael. Franz von Defregger verwendete dieses Ensemble als Kulisse für sein bekanntes Gemälde „Das letztes Aufgebot". Bei der **Pfarrkirche mit den schönen schmiedeeisernen Kreuzen am Ortsfriedhof** folgen wir dem Weg 4/A in 20 Minuten zum Glatzner-Hof, wo wir auf der Höfestraße abwärtsgehen (Schild: Klausen über Muttner-Hof) und nach weiteren 20 Minuten links abbiegen (Schild: Klausen über Johannser). Der Ansitz **Johannser** (Möglichkeit zur Einkehr) war im Mittelalter Sitz eines Zweiges der Herren von Villanders. Einzigartig ist der Blick auf das Kloster Säben. Ein gut markierter Steig führt uns zum Ausgangspunkt unserer Rundwanderung zurück, welche an einem halben Dutzend bekannter **Weinhöfe und Buschenschänke** vorbeiführt, wo neben den heurigen Weinen da und dort auch noch der einst weit verbreitete „Furner Hottler" ausgeschenkt wird. Beliebt sind die Buschenschänke vor allem auch zur **Törggelezeit** im Oktober und November.

Ausgangspunkt: Ortszentrum Klausen
Gehzeit: 2,5 h
Höhenunterschied: 400 m

Wallfahrts- und Keschtnwege – von Klausen nach Feldthurns

Das **Mittelgebirge** an der Westseite des Eisacktales reicht von St. Ingenuin in Saubach bis nach St. Cyrill in Tils über Brixen. Es gehört mit seinen steilen Weinbergen und prachtvollen Kastanienhainen zu den schönsten Landschaften Südtirols. Darin eingebettet liegen vorgeschichtliche Kultplätze, mittelalterliche Kirchlein, stattliche Dörfer, Burgen und Edelsitze. Die wahren Könige dieses Reiches sind die weit verstreuten Bauernhöfe, von denen sich manche noch ihre in Jahrhunderten gewachsene bauliche Eigenart bewahrt haben. Viele Höfe auf der Hochfläche waren dem Bischof von Brixen zinspflichtig, wie dieses Gebiet überhaupt auf das Engste mit der Geschichte des Bistums Brixen verbunden ist. Säben ist die Wiege dieses kleinen Hochstiftes am Südrand der Alpen. Das 1587 erbaute Schloss Feldthurns diente den Fürstbischöfen lange Zeit als Sommerresidenz.

Wir beginnen unsere Wanderung im alten Künstlerstädtchen **Klausen,** wo bergseitig die Markierung Nr. 1 mit dem Hinweisschild Säben

Ein Blick in den Innenhof von Schloss Velthurns aus dem späteren 16. Jahrhundert.

abzweigt. Viele Stufen führen hinauf zum Schloss Branzoll, wo einst der Brixner Stadthauptmann residierte, und weiter auf dem **gepflasterten Wallfahrtsweg nach Säben,** dem „Heiligen Berg" des Eisacktales. Wahrscheinlich schon ab dem 4. Jahrhundert, mit Sicherheit ab 572/74, befand sich auf dem schon in der Jungsteinzeit und in der spätrömischen Epoche bewohnten Felsen der Sitz des Bischofs der „secundae Raetia". Erst gegen Ende des 10. Jahrhunderts übersiedelte dieser nach Brixen. Der heutige Baukomplex mit der Marien- und der Heilig-Kreuz-Kirche stammt größtenteils aus dem 17. Jahrhundert, als auf der alten Bischofsburg ein bis heute bestehendes Benediktinerinnenkloster angelegt wurde. Wir durchqueren die Klosteranlage und steigen auf der Nordwestseite zum Weiler **Pardell** ab, wo beim traditionsreichen Gasthof Huber gut einkehren ist. Gleich danach zweigt links der Weg mit der Markierung Nr. 1 ab, der steil nach **Verdings** hinaufführt. Das kleine Dorf wird von der gotischen St.-Valentin-Kirche überragt, von wo aus man einen herrlichen Talblick genießt. Wie so oft grüßt der hl. Christophorus (um 1420) von der Außenseite der Kirche, im Inneren hat sich ein Flügelaltar aus der Werkstatt von Hans Klocker erhalten. Von Verdings wandern wir zunächst auf der Straße in Richtung Feldthurns, biegen dann aber bald rechts in einen alten Fußweg ein, der uns durch Wald und Wiesen in 45 Minuten nach **Feldthurns** bringt. Feldthurns ist mit **50 ha** nach Vahrn die größte Weinbaugemeinde des Eisacktales. Neben der Rebe ist es vor allem die Edelkastanie, welche nicht allein das Landschafts-, sondern sogar das Siedlungsbild des Dorfes prägt. „Die **Edelkastanien** sollten hier Ehrenbürgerschaft genießen", meinte deshalb schon der Landeskundler Josef Rampold. Tatsächlich stehen im Feldthurnser Gemeindegebiet 3.300 dieser wunderschönen Bäume. Seit 1997 finden hier im Herbst die **Keschtnigl-Wochen** statt, die zusammen mit dem **Keschtnweg** wesentlich zur Renaissance dieses Charakterbaumes der bäuerlichen Kulturlandschaft beigetragen haben. Nach einer Besichtigung des Schlosses Feldthurns mit seinen im ganzen Alpenraum einmaligen Renaissancetäfelungen wandern wir auf dem Keschtnweg in südlicher Richtung zum **Moar zu Viersch,** einem schon im 10. Jahrhundert erwähnten Hof des Brixner Bischofs (Möglichkeit zur Einkehr), und weiter nach **Pardell.** Vor dem Anstieg nach Säben steigen wir auf der Säbener Promenade links hinunter nach **Klausen.**

Entlang der Route und vor allem des Keschtnweges finden sich viele beliebte **Törggelestuben**, die in den Monaten Oktober und November von Einheimischen und Gästen gut besucht sind.

Ausgangspunkt: Ortszentrum Klausen
Gehzeit: 4 h
Höhenunterschied: 450 m

Rundwanderung auf Minnesängers Spuren im Lajener Ried

„Es gibt natürlich großartigere und üppigere Landschaftsbilder – mir aber ist das Eisacktal mit seiner herben und verhaltenen Schönheit so tief ins Herz gewachsen wie kein zweites Tal der Erde." Um zu verstehen, was der große Kunsthistoriker Propst Josef Weingartner mit diesem **Bekenntnis zum Eisacktal** meinte, muss man die von Auto- und Eisenbahn beherrschte Talsohle verlassen und zu den Dörfern und Weilern

Der Kastanienbaum beim Ansitz Lusenegg gilt mit seinen 9 m Stammesumfang als größter Europas.

an den Talhängen links und rechts des Eisacks hinaufsteigen. Vorbei an Kastanienhainen führen die alten Kirchsteige mit ihren schönen Trockenmauern hinein in eine andere Welt, in der die Zeit zwar nicht stehen geblieben ist, wo aber jene Harmonie zwischen Menschenwerk und Natur noch spürbar ist, die dieses Land einst überall auszeichnete. Ist es ein Zufall, dass sich die gelassene Schönheit einer alten Kulturlandschaft gerade dort wundersam verdichtet, wo einst die größten Lyriker des Mittelalters zu Hause waren? Wenn wir auch nicht mit Sicherheit sagen können, dass die Wiege **Walthers von der Vogelweide** im Lajener Ried stand, und wenngleich der auf der Trostburg geborene **Oswald von Wolkenstein** die meiste Zeit seines bewegten Lebens anderswo verbrachte, so birgt die Landschaft an der Sonnenseite des Lajener Berges noch immer etwas von der Schwermut, aber auch von der Kraft ihrer Minnelieder in sich. Und wenn man nach einer langen Wanderung bei einem Krüglein edlen Rebensaftes vor einem der schönen alten Höfe sitzt und hinunterschaut auf die Trostburg, dann kann es schon sein, dass einem leise von fern her das alte Lied der Sehnsucht im Ohr erklingt: „… vor dem Walde in einem Tal, tandaradei, schön sang die Nachtigall."

Wir fahren von Waidbruck oder von Klausen hinauf zur **Katharina-Kirche im Lajener Ried,** wo sich hinter der neuen Schule ein Parkplatz befindet. Gleich daneben stehen die gotische St.-Katharina-Kirche und das Mesnerhaus, an dem vorbei aufwärts der Weg bis zur Fahrstraße und weiter auf dem sogenannten Eselssteig in einer knappen Stunde nach **Albions** führt. Die alten Höfe rund um die bereits 1147 erwähnte Kirche St. Nikolaus und die umfassende Aussicht auf das Tal und das gegenüberliegende Villanders geben Albions den Rang eines der schönsten, unversehrtesten Dörfer des Eisacktales und Südtirols generell. Von hier aus lohnt sich ein 1,5 km langer Abstecher (Markierung 2) zum malerischen **Ansitz Lusenegg** und seinem urtümlichen Kastanienbaum: Mit 9 m Stammesumfang gilt er als **größter Kastanienbaum Europas**. In Albions beginnt beim Dorfbrunnen unterhalb der Kirche der Weg Nr. 5, der uns durch Wald und Wiesen in einer weiteren Dreiviertelstunde nach **Lajen**, dem Hauptort der weit verzweigten Gemeinde, führt. Lajen besitzt einen der schönsten und geräumigsten Dorfplätze unseres Landes und der Blick vom Friedhof ist überhaupt als einmalig zu bezeichnen. Vom Dorfplatz aus führt der beim Café Am Platzl nach rechts abzweigende Weg Nr. 35 in einer Dreiviertelstunde hinab zum berühmten, von einer uralten Edelkastanie überragten **Vogelweiderhof**, wo eine im 19. Jahrhundert angebrachte Marmortafel auf den mutmaßlichen Geburtsort des großen Minnesängers hinweist. Gleich sind wir nun am St.-Katharina-Kirchlein und damit **wieder am Ausgangspunkt unserer Wanderung angelangt**.

Im südwärts geneigten Lajener Ried befindet sich ein Großteil der insgesamt **9 ha Rebflächen** des Gemeindegebietes. Die Weinäcker liegen auf kleinen Terrassen, die von alten Trockenmauern gestützt werden. Wer in einem der schönen alten Höfe einkehrt, kann dort jene unverfälschte Gastlichkeit erleben, die das Eisacktal als ursprüngliche **Törggeleregion** auszeichnet. Neben würzigen Weißweinen werden auch vorzügliche Rotweine wie z. B. der legendäre Portugieser ausgeschenkt.

Ausgangspunkt: Lajener Ried
Gehzeit: 3 h
Höhenunterschied: 500 m

Weinwanderwege um Klausen und Brixen

In den letzten Jahren wurden im Eisacktal mehrere **Lehrpfade** angelegt, welche Auskunft über die alte Tradition des Weinbaues in diesem Gebiet geben, aber auch viel Wissenswertes über die hier gängigen Rebsorten, über Anbauformen und die Arbeit im Jahreslauf vermitteln. Einer davon ist der **Laitacher Weinwanderweg bei Klausen** mit einer Länge von etwa 4 km. Vom Parkplatz beim öffentlichen Freibad wandert man auf der Hauptstraße bis zur Abzweigung der Straße nach Feldthurns. Beim Sylvanerhof beginnt der Weg Nr. 3 mit der Bezeichnung „Weinwanderweg". Er führt durch die seit alters berühmten Weinberge von Laitach aufwärts bis zum Hieng-Hof (Möglichkeit zur Einkehr) und zurück.

An der Hauptstraße zwischen Klausen und Brixen nimmt auch der **Pfeffersberger Weinweg** seinen Anfang. Pfeffersberg ist der Name für die Dörfer und Weiler Tils, Gereuth, Pairdorf, Pinzagen, Tötschling,

Die St.-Johann-Kirche mit Friedhof in Tschötsch am Pfeffersberg oberhalb von Brixen.

Tschötsch, Untereben und Mahr am Westhang des Brixner Talkessels, welche einst zum gleichnamigen Gericht zusammengefasst waren. Der Pfeffersberger Weinweg führt vom Gasthof Ziggler rund 2,5 km durch die von zahlreichen Trockenmauern gestützten Weinberge unterhalb von Tschötsch. Schautafeln erzählen von der Kulturgeschichte des Weines und stellen die typischen Rebsorten Gewürztraminer, Sylvaner, Kerner und Veltliner vor.

Der 2,5 km lange **Weinwanderweg Brixen** startet bei dem aus den Tiroler Freiheitskriegen bekannten Gasthof An der Mahr südlich der Bischofsstadt. Auf Wirtschaftswegen wandern wir durch die Weinberge hinauf nach Tschötsch mit seiner spätgotischen Johanneskirche und wieder zurück ins Tal.

Brixen ist der Hauptort des Eisacktales. Die Hänge und Mittelgebirge rund um den Brixner Talkessel waren schon in vorgeschichtlicher Zeit besiedelt. Im Jahre 901 schenkte der Karolingerkönig Ludwig das Kind seinen Meierhof Prihsna dem Säbener Bischof Zacharias. In der Folge wurde Brixen zum Zentrum des Bistums, das von 1027 bis 1803 auch die weltliche Herrschaft über Teile des Eisack- und Inntales ausübte. 1039 war Brixen bereits von einer Stadtmauer umgeben. 1048 wurde der Brixner Bischof Poppo zum Papst Damasus II. gewählt, 1080 fand in Brixen ein Konzil statt. Um die Mitte des 15. Jahrhunderts war der große Humanist Nikolaus Cusanus Fürstbischof von Brixen. Der fast gänzlich mit spätmittelalterlichen Wandmalereien ausgemalte Kreuzgang, der prächtige barocke Dom, die Hofburg, wo heute das sehenswerte Diözesanmuseum untergebracht ist, und die Altstadt von Brixen bilden zusammen ein Kulturdenkmal von europäischem Rang. Funde von Traubenkernen aus der Eisenzeit (1. Jahrtausend v. Chr.) bezeugen die frühe Bedeutung des Weinbaues an den unteren, südwärts geneigten Talhängen von Tils und Pinzagen, Vahrn und Neustift, Elvas und St. Andrä, Sarns und Albeins. Mit insgesamt **169 ha** stellt der Brixner Talkessel auch heute noch ein bedeutendes Weinbaugebiet Südtirols dar. Davon befinden sich **77 ha** auf dem Gemeindegebiet von **Brixen, 76 ha** in **Vahrn-Neustift** und **16 ha** im südlichen Teil der Gemeinde **Natz-Schabs**.

Der **Eisacktaler Weinweg** bietet eine Begegnung mit den wichtigsten Weinlagen der Brixner Gegend. Er führt von Stufels, dem ältesten Stadtteil, über die Weinleiten von Kranebitten bis nach **Neustift.** Das Augustiner Chorherrenstift wurde 1142 vom später seliggesprochenen Bischof Hartmann von Brixen gegründet. Der ausgedehnte Klosterkomplex beherbergt neben dem mittelalterlichen Kreuzgang die schönste Rokokokirche Südtirols und mit der um 1190 erbauten Engelsburg den ältesten Zentralbau des Landes. Im **Stiftskeller** können die berühmten Klosterweine verkostet werden. Von Neustift steigt der Weinweg zur Pustertaler Straße und weiter zum Strasserhof (Möglichkeit zur Einkehr) hinauf. Auf dem Steig Nr. 6 kehrt man über den Gasthof Sunegg zurück nach Brixen.

Laitacher Weinwanderweg
Ausgangspunkt: Schwimmbad Klausen
Gehzeit: 2 h
Höhenunterschied: 250 m

Pfeffersberger Weinweg
Ausgangspunkt: Parkplatz beim Gasthof Ziggler
Gehzeit: 1 h
Höhenunterschied: 150 m

Weinwanderweg Brixen
Ausgangspunkt: Parkplatz beim Gasthof An der Mahr
Gehzeit: 1 h
Höhenunterschied: 160 m

Eisacktaler Weinweg
Ausgangspunkt: Stufels
Gehzeit: 3 h
Höhenunterschied: 320 m

Rundwanderung von Vahrn nach Neustift

Vahrn erinnert mit seinen schönen alten Ansitzen und Villen daran, dass das Dorf zu Füßen des Pfeffersberges schon von jeher ein beliebter Sommerfrische-Ort war. Der Stiftsadel erbaute hier die Burgen Voitsberg und Pfeffersberg, die Burg Salern diente jahrhundertelang als Gerichtssitz. Die Lebensfreude, die diese liebliche Landschaft ausstrahlt, spiegelt sich auch im reichen Barockschmuck der Pfarrkirche zum hl. Georg wider.

Wir beginnen unsere Wanderung im Ortszentrum und verlassen Vahrn in Richtung Schalders, biegen aber schon nach 200 m rechts in den **Kastanienweg** (Markierung Nr. 1) ein. Nun kommen wir am berühmten Kastanienhain von Vahrn vorbei, den der große Kunsthistoriker Propst Josef Weingartner vor fast hundert Jahren als **den schönsten Kastanienhain des Landes** bezeichnete. Trotz mancher Einbußen bildet er noch immer das Wahrzeichen der Gemeinde. In einer halben Stunde gelangen wir durch Wald und Wiesen zum **Vahrner See,** der einst die Brixner Bischöfe vor allem in der Fastenzeit mit allerlei schmackhaften Fischen versorgte. Wir umrunden den schönen Waldsee mit seinem Schilfgürtel und benützen dann die Unterführung beim Bistro Seegrill, um auf die andere Seite der Staatsstraße zu gelangen. Kurz danach biegen wir links ins Riggertal ein, wo uns die Markierung 9/a „Hartmannssteig" in einer Viertelstunde zu einem herrlichen Aussichtspunkt auf das altehrwürdige **Kloster Neustift** und den gesamten Brixner Talkessel führt. Bald ist nun das 1142 gegründete Augustiner Chorherrenstift er-

Das Augustiner Chorherrenkloster Neustift ist vor allem wegen seiner Weißweine bekannt.

reicht, wo der romanische Zentralbau der Engelsburg ebenso zur Besichtigung einlädt wie der mittelalterliche Kreuzgang mit seinem gotischen Freskenschmuck und historischen Grabdenkmälern oder die farbenfrohe Stiftskirche mit den Deckengemälden von Matthäus Günther. Aber auch wer sich nicht für Kunst interessiert, wird sich der besonderen Atmosphäre des **Klosters in den Weinbergen** nicht entziehen können und gerne im **Stiftskeller** die preisgekrönten Weine der Abtei verkosten. Ein ausgezeichneter Sylvaner, Veltliner, Kerner, Blauburgunder und Zweigelt kann auch im nahegelegenen, denkmalgeschützten **Griesserhof** verkostet werden. Entlang der Rienz und dann ein Stück der Staatsstraße hinauf gelangen wir zum Ausgangspunkt unserer Wanderung zurück.

Ausgangspunkt: Ortszentrum Vahrn
Gehzeit: 2,5 h
Höhenunterschied: 100 m

Folgende Doppelseite: Die „Lange Tafel“ bildet den Höhepunkt der Weinkulturwochen in den historischen Gassen von St. Pauls.

Wichtige Weinadressen

Südtiroler Weinevents

Bozen und Umgebung

Bozner Weinkost – die älteste ihrer Art in Europa

Die seit 1896 stattfindende Bozner Weinkost ist die älteste Weinverkostung Europas und eines der ältesten Weinevents der Welt. Als Leistungsschau der Südtiroler Weine genießt sie internationales Ansehen. Die Bozner Weinkost ist eine wunderbare Gelegenheit, Südtiroler Winzer und Produzenten kennenzulernen, Weine zu verkosten und zu vergleichen und einen Überblick über die ungewöhnliche Vielfalt und die hohe Qualität des Südtiroler Weines zu bekommen.

http://www.bolzano-bozen.it/de/bozner-weinkost.html
info@bolzano-bozen.it

Alljährlich im März findet auf Schloss Maretsch die Bozner Weinkost statt.

Lorenzinacht – Nächtliches Weinevent in Bozen

Am Tag des heiligen Laurentius, dem 10. August, laden die lokalen Weinproduzenten des Bozner Gebietes in die historischen Lauben der alten Handelsstadt Bozen zu einer speziellen Weinverkostung, bei welcher der hier seit dem Mittelalter gerühmte St. Magdalener natürlich einen besonderen Platz einnimmt.

www.bolzano-bozen.it
info@bolzano-bozen.it

Autochtona – Vinea Tirolensis – Lagrein Experience – Treffpunkt Messe Bozen

Im Rahmen der alljährlichen Fachmesse für Hotellerie und Gastronomie „Hotel" in Bozen finden drei bedeutende Weinevents statt. Die „Autochtona" bietet heimischen Weinen aus Italien und Südtirol eine hochkarätige Bühne. Bei der „Vinea Tirolsensis" präsentieren die Freien Weinbauern Südtirols ihre Spitzenprodukte. Und die „Lagrein Experience" widmet das Konsortium Südtiroler Weine dem berühmten Südtiroler Roten.

www.fierabolzano.it/autochtona/de
info@messebozen.it

Meran und Burggrafenamt

Top of Südtirol Wein – Spitzenqualität in Meran

Jedes Jahr werden im Mai im Meraner Kurhaus die mit Bestnoten ausgezeichneten Weine der renommierten italienischen Weinführer Gambero Rosso, Slow Wine, L'Espresso, Vitae, Veronelli, Vinibuoni, Doctor Wine und Bibenda in einer exklusiven Degustation präsentiert. Das Publikum hat die Möglichkeit, die erlesenen Sekte, Weiß- und Rotweine zu verkosten und sich darüber auszutauschen.

www.suedtirolwein.com
info@suedtirolwein.com

Das Merano WineFestival zählt zu den bekanntesten Weinevents in Europa.

Merano WineFestival – exklusives Event

Mit dem seit 1992 stattfindenden Merano WineFestival beherbergt das Meraner Kurhaus alljährlich eine der exklusivsten Weinveranstaltungen Europas. Dort können die Weine von über 300 Weingütern aus Italien und Südtirol und von 130 internationalen Winzern verkostet werden. Weitere Höhepunkte des Merano WineFestivals sind die bio&dynamica, Culinaria, BeerPassion innerhalb der GourmetArena.

www.meranowinefestival.com
info@meranowinefestival.com

Riesling & Gourmet – die Riesling-Tage in Naturns

Die Riesling-Tage in Naturns sind ein Schaufenster für diese beliebte Weißweinsorte. Dabei können die Spitzenweine aus den verschiedenen Südtiroler Anbaugebieten verkostet und die örtlichen Weingüter Unterortl/Juval und Falkenstein besichtigt werden. Spitzenköche sorgen für eine kongeniale kulinarische Begleitung der Riesling-Tage.

www.merano-suedtirol.it/de/rieslingtage
riesling@naturns.it

Südtiroler Vernatsch Cup – Verkostung im Designhotel in Lana

Bei dieser Vergleichsverkostung werden in dem vom bekannten Designer Matteo Thun gestalteten Hotel „vigilius mountain resort" am Vigiljoch über Lana zahlreiche, von internationalen Experten ausgewählte Vernatsch-Weine präsentiert und nach den einzelnen Herkunftsgebieten prämiert. Dabei wird jedes Jahr der Südtiroler „Vernatsch des Jahres" gekürt.

www.vernatschcup.it
info@wineline.it

Überetsch und Unterland

Blauburgundertage Südtirol – Sortenverkostung in Montan

Die Blauburgundertage in Montan und Neumarkt im Südtiroler Unterland haben sich seit 1998 zu einem wichtigen Termin für Produzenten, Journalisten und Weinliebhaber weit über Südtirol hinaus entwickelt. Hauptziel der Veranstaltung ist es, den Südtiroler Blauburgunder mit seinen Charakteristika und gebietsbezogenen Eigenschaften hervorzuheben und den Besuchern einen Vergleich mit nationalen und internationalen Blauburgundern zu bieten.

www.blauburgunder.it
info@blauburgunder.it

Internationales Gewürztraminer-Symposium – natürlich in Tramin

Jedes Jahr finden sich im Mai in Tramin, der Heimat des Gewürztraminers, Weinliebhaber und -kenner ein, um die Vielfalt des Gewürztraminers zu entdecken und vergleichen, Details und Hintergründe zu Rebe, Anbau und Ausbau zu erfahren und gemeinsam mit Winzern, Kritikern und Weinbegeisterten aus ganz Europa darüber zu diskutieren.

www.tramin.com
info@tramin.it

Sauvignon Experience – nationaler Wettbewerb in Kurtatsch

Der Sauvignon Blanc gehört zu den wichtigsten Weißweinsorten Südtirols. Die Veranstaltung Sauvignon Experience im schönen Weindorf Kurtatsch hat zum Ziel, dem Südtiroler Sauvignon eine noch größere

Sichtbarkeit zu verleihen. Sauvignon Experience bietet dem Fachpublikum sowie Weininteressierten ein abwechslungsreiches Programm rund um die Rebsorte.

https://sauvignon.events/
info@sauvignon.events

Kalterer Weintage – Verkostung am Marktplatz in Kaltern

Kalterns Kellereigenossenschaften, Kalterns Freie Weinbauern und andere Weingüter stellen an zwei Abenden Anfang September die besten Weine des neuen Jahrgangs vor. Schauplatz dieser Weinverkostung ist der Marktplatz im Ortszentrum, wohl einer der schönsten Dorfplätze im ganzen Alpenraum.

www.wein.kaltern.com
info@wein.kaltern.com

Unterlandler Weinkosttage – Fachverkostung in Auer

Im Unterlandler Weindorf Auer werden jedes Jahr im Schloss Baumgarten an die 120 heimischen Weine von einer Fachjury – bestehend aus Önologen, Weintechnikern und Fachpersonal der Kellerwirtschaft des Versuchszentrums Laimburg – verkostet und die Sortensieger und der Wein des Jahres ermittelt.

www.weinkosttage.it
wein.kultur.auer@rolmail.net

Weinkulturwochen – Liebhabertreffen im Weindorf St. Pauls

Das malerische Weindorf im Überetsch bietet einen einzigartigen Rahmen für die seit 1998 jedes Jahr im Juli und August stattfindenden verschiedenen Wein-Präsentationen, als deren Höhepunkt die „Gastliche Tafel“ in der historischen Dorfgasse mit Starkoch Herbert Hintner gilt.

www.eppan.com
info@eppan.com

Gschleier Weinkost, Girlan

Girlan ist das älteste Weindorf Südtirols und war ehemals aufgrund der vielen tiefen Weinkeller – so die Überlieferung im Dorf – unter der Erde größer als über der Erde. Ein Teil dieser Keller soll in Zukunft

Bei der Gschleier Weinkost führt ein mit einer Lichterkette ausgestatteter Weinlehrpfad durch die Weinberge – ein Besuch ist am Abend besonders reizvoll.

zugänglich gemacht werden, eine unterirdische Weinerlebniswelt namens Vineum befindet sich in Planung. Vorerst kann man bereits an der jährlich Anfang Juli stattfindenden Gschleier Weinkost teilnehmen. Entlang den Leuchtgirlanden eines Weinlehrpfades im Ortsteil Gschleier kann man am Abend zu den einzelnen Ständen mit sortenspezifischen Verkostungen wandern.

www.eppan.com
info@eppan.com

Südtiroler Weinstraßenwochen – die Nacht der Keller

Die Südtiroler Weinstraßenwochen finden jedes Jahr im Frühjahr statt. Dabei warten die wunderschönen historischen Dörfer dieser gesegneten Landschaft mit speziellen Weinerlebnissen auf, die man auf keinen Fall versäumen sollte. Den krönenden Abschluss bildet die bereits legendäre „Nacht der Keller".

www.suedtiroler-weinstrasse.it/de/erleben/nacht-der-keller.html
info@suedtiroler-weinstrasse.it

Die Weinmesse „Summa“ von Alois Lageder in Margreid findet gleichzeitig mit Italiens größter Fachmesse Vinitaly in Verona statt.

Summa

Immer gleichzeitig mit Italiens größter Weinmesse, der Vinitaly in Verona, lädt der biodynamische Winzer Alois Lageder ebenso qualitätsbewusste Winzer aus aller Welt in seinen historischen Ansitz in Margreid zu einer Weinfachmesse.

Diese zeichnet sich durch die persönliche Anwesenheit aller Weinbauern aus und bietet Raum für direkten Austausch zwischen Winzern, Fachleuten, Journalisten und Weinliebhabern.

https://summa-al.eu
tenuta@aloislageder.eu

Eisacktal

Treffpunkt Wein – Eisacktaler Weinkost in Brixen

Die Eisacktaler Weinproduzenten laden jedes Jahr im Juli zu einer Verkostung der typischen Weine dieses nördlichsten Weinbaugebietes Italiens ein. Unter den malerischen Brixner Lauben werden die charakteristischen Weißweine wie Sylvaner, Müller-Thurgau, Gewürztraminer, Kerner und Veltliner, aber auch interessante, vielleicht nicht allen bekannte Rotweine wie Zweigelt oder Portugieser präsentiert.

www.brixen.org
info@brixen.org

Weinkultur und Museen

Bozen und Umgebung

Kloster Muri-Gries, Bozen

„Cheller" nannte man im Mittelalter die schon damals weingesegneten Fluren im heutigen Bozner Ortsteil Gries. Man kann getrost davon ausgehen, dass damit Weinkeller gemeint waren. Das dort befindliche Kloster Muri-Gries ist bis heute ein Zentrum des Weinbaues geblieben, das vor allem wegen seines Lagreins geschätzt wird.

www.muri-gries.com

Meran und Burggrafenamt

Gärten und Wein im Schloss Trauttmansdorff, Meran

Die Gärten von Schloss Trauttmansdorff oberhalb von Meran zählen zu den bekanntesten Gartenanlagen der Welt. Im Rahmen des Erlebnispaketes „Gärten & Wein" finden Führungen zur größten und ältesten Rebe der Welt beim Schloss Katzenzungen in Prissian statt, wo im Frühjahr

Die botanischen Gärten von Schloss Trauttmansdorff bei Meran zeigen neben allerlei Exotischem auch traditionelle heimische Pergln.

das Traubenblütenfest gefeiert und im Herbst das Wimmen der Versoaln-Trauben miterlebt werden kann.

www.trauttmansdorff.it

Äpfel und Wein im Obstbaumuseum, Lana

Das Südtiroler Obstbaumuseum in Lana ist ein Schaufenster in die Welt des Apfels, informiert aber auch über die Geschichte des Weinbaues. Die ausgestellte Torggl mit der Jahreszahl 1570 ist die älteste datierte Weinpresse des Landes. Auch ein lebensgroßer Saltner und zahlreiche Weinbaugeräte sind zu sehen.

www.obstbaumuseum.it

Brot und Wein im Museum Brunnenburg, Dorf Tirol

Das Museum in der Brunnenburg in Dorf Tirol erzählt die Geschichte der Landwirtschaft. Im Zentrum steht das Korn als Brotgetreide. Aber es heißt schon in der Bibel: „Der Mensch lebt nicht vom Brot allein" – und so ist auch der Wein(bau) auf der Brunnenburg durch viele interessante Exponate, vor allem Gerätschaften präsent.

www.brunnenburg.net

Weinbaumuseum Schloss Rametz, Meran

Das Schloss Rametz in Obermais (Meran) beherbergt ein Weinbaumuseum, in dem die Entwicklung des Weinbaus, die Arbeit im Weinberg und die Kellerwirtschaft dargestellt werden. Im Anschluss an die Besichtigung können die vielfach prämierten Schlossweine verkostet werden.

www.rametz.com

Weinerlebnis Rochelehof, Marling

Der 1652 erwähnte Rochelehof im alten Weindorf Marling bietet eine spannende Begegnung mit der Welt des Weines. Zahlreiche Arbeitsgeräte und Kultgegenstände, aber auch interessante Film- und Tondokumente erzählen vom Weinbau einst und jetzt. Dabei werden die Besucher immer wieder von originellen technischen Details überrascht.

www.rochelehof.it

Rebenlabyrinth im Weinhof Kränzel bei Tscherms.

Erlebnis Kränzelhof, Tscherms

Der mittelalterliche Ansitz der Grafen von Pfeil in Tscherms ist eine in ihrer Art einzigartige Erlebniswelt: Über zwei Hektar erstreckt sich eine wunderschöne Gartenlandschaft mit einem aus Reben gestalteten Labyrinth, Amphitheater, Terrassen, Teichen und Kunstobjekten. Der Wein ist das Herzstück des Ensembles, zu dem auch 800 Jahre alten Kellergewölbe gehören.

www.kraenzel.com

Überetsch und Unterland

Südtiroler Weinmuseum, Kaltern

Das Südtiroler Weinmuseum in Kaltern ist das älteste Weinmuseum im deutschen Sprachraum und zugleich das wichtigste und größte Dokumentationszentrum zur Geschichte des Südtiroler Weinbaues. Es beherbergt in den 1693 datierten Kellergewölben eines ehemaligen Edelsitzes eine einzigartige Sammlung von Exponaten aus den Bereichen Archäologie, Kunstgeschichte, Volksreligiosität, Handwerk und Kellereiwirtschaft, darunter die imposante Figur eines Saltners (Weinberghüter). Die wöchentlichen Führungen schließen mit der Verkostung eines Glases Kalterersee-Wein ab. Auf Voranmeldung werden für Gruppen ab fünf Personen Verkostungen von Weinen aus alten Rebsorten angeboten.

www.weinmuseum.it

Die Kellergewölbe aus dem 17. Jahrhundert im Weinmuseum in Kaltern zeugen selbst von Südtirols Weingeschichte.

[hoamet] Tramin Museum

Das Dorfmuseum von Tramin befindet sich in einem spätgotischen Gebäude am historischen Dorfplatz der bekannten Unterlandler Weingemeinde. Es lädt zur Entdeckung der bäuerlichen Traditionen und der Weinkultur in Südtirols Süden ein. Neben historischen Arbeitsgeräten gibt es eine internationale Sammlung von Gewürztraminer-Flaschen seit 1886 zu sehen. Im Rahmen der sachkundigen Führungen kann der Gewürztraminer auch verkostet werden. Einmalig sind auch die Figuren des Traminer Egetmann-Umzuges, einer der letzten noch lebendigen großen Fastnachtsbräuche im Alpenraum.

www.dorfmuseum-tramin.com

Museum Zeitreise Mensch, Kurtatsch

Das Museum Zeitreise Mensch befindet sich im alten Weinhof am Orth im noch älteren Weindorf Kurtatsch. Anhand von über 4.000 ausgewählten Exponaten wird das Leben des Menschen in allen Kulturepochen auf höchst originelle Weise dokumentiert. Ein großer Ausstellungsbereich ist dem Thema Selbstversorgung gewidmet. Dabei spielt der Weinbau eine wichtige Rolle.

www.museumzeitreisemensch.it

Das Kloster Neustift bei Brixen beherbergt nicht nur eine der schönsten Bibliotheken, sondern auch einen sehenswerten Stiftskeller.

Eisacktal

Wein und Kastanien bei den Keschtnigl-Wochen, Feldthurns

Jedes Jahr im Herbst finden die Kastanientage „Nigl“ in Feldthurns statt. Zeitgleich findet in Lana, Völlan, Tisens und Prissian das Etschtaler Gegenstück, der „Keschtnriggl“ statt. Beide über einen Zeitraum von zwei Wochen verlaufenden Veranstaltungen bieten eine erlebnisreiche Begegnung mit der historisch gewachsenen Kastanienkultur dieser herrlichen Mittelgebirgslandschaften im Etsch- und Eisacktal und ihrer jahrtausendealten Symbiose zwischen Weinrebe und Edelkastanie.

www.klausen.it/de/genuss-kultur/veranstaltungen/keschtnigl/ bzw. www.keschtnriggl.it

Kloster Neustift, Vahrn

Seit der Gründung im Jahre 1142 wird im Kloster Neustift bei Brixen von den Augustiner Chorherren Wein gekeltert. Stiftsführungen nehmen mit auf eine Reise in die Geschichte, die nicht zuletzt eine Weingeschichte ist. Nach Voranmeldung sind auch Verkostungen der vielfach ausgezeichneten Weißweine im Stiftskeller möglich.

www.kloster-neustift.it

Serviceadressen

Konsortium Südtiroler Wein

Das Konsortium Südtiroler Wein vereint mit 100 Mitgliedsbetrieben 90 % der Südtiroler Weinproduktion. Es wurde 2007 mit dem Ziel gegründet, als einheitliches Sprachrohr die Interessen der Südtiroler Weinwirtschaft nach innen und außen zu vertreten. Der Höhepunkt im Veranstaltungsjahr ist das traditionelle Verkostungsevent „Vinea Tirolensis", an dem 75 Mitgliedsbetriebe über 350 Weine präsentieren.

www.suedtirolwein.com
info@suedtirolwein.com

Verband der Kellereigenossenschaften Südtirols

Der Verband der Kellereigenossenschaften Südtirols wurde im Jahr 1900 von sieben Genossenschaften gegründet, um die Vermarktung des Weines selbst in die Hand zu nehmen. Heute zählt der Verband 14 Mitglieder, die knapp 70 % des Südtiroler Weines produzieren.

www.kellereiverband.it
info@kellereiverband.it

Verband der Weingüter Südtirols

Der Verband ist die Interessensvertretung der privaten Weingüter und Weinkellereien in Südtirol, welche für ca. 20 % der Südtiroler Weinproduktion verantwortlich sind. Zurzeit sind 33 Kellereien bzw. Weingüter der Vereinigung angeschlossen.

www.dws.bz
info@dws.bz

Freie Weinbauern Südtirol

Die Freien Weinbauern Südtirols, kurz FWS, sind eine regionale Vereinigung von privaten Winzern in Südtirol. Die rund 100 Mitglieder bearbeiten auf ihren Familien-Weingütern etwa 300 ha, was ca. 4 % der Südtiroler Weinfläche entspricht. Auf diesen Flächen erwirtschaften sie etwa 16.000 hl Wein pro Jahr.

www.fws.it
info@fws.it

Bei der Lorenzinacht unter den Bozner Lauben kann man die besten Weine der Bozner Produzenten kosten, egal ob von den Freien Weinbauern, Kellereigenossenschaften oder privaten Kellereien.

PIWI

Der Verein PIWI Südtirol wurde im Jahre 2003 von 14 Mitgliedern gegründet und ist bis 2011 auf mehr als 80 Mitglieder angewachsen. Ziel des Vereines ist es, neue pilzwiderstandsfähige Rebsorten zu erkunden, welche ausgezeichnete Weinqualitäten hervorbringen. Die für Südtirol geeignetsten Sorten sollen für den freien Anbau und die Vermarktung im nationalen Sortenregister eingetragen werden.

www.piwi-international.de/de/südtirol.html
piwisuedtirol@gmail.com

Tirolensis Ars Vini

Nennt sich eine Gruppe von sechs ambitionierten Südtiroler Weinproduzenten, die als überzeugte Individualisten und Pioniere ihre anbautechnischen und önologischen Erfahrungen untereinander austauschen und gemeinsame Vermarktungsideen umsetzen.

www.tirolensisarsvini.it
info@tirolensisarsvini.it

Vinum Hotels

In Südtirol haben sich 29 Hotels der 3- und 4-Sterne-Klasse dem Wein verschrieben. Die mitten im Weinland gelegenen Betriebe bieten ein breites Spektrum an Weinerlebnissen und Weinwissen an.

www.vinumhotels.com
info@vinumhotels.com

Weinakademie

Die Südtiroler Weinakademie in Kaltern bietet vom kleinen Wein-ABC für Interessierte bis zur fundierten Ausbildung zum Weinakademiker eine breite Palette von Veranstaltungen und Weinverkostungen an. Die Akademie wird von wein.kaltern getragen.

www.weinakademie.it
info@weinakademie.it

wein.kaltern

Eine Initiative für Qualität und Weinkultur der Weinwirtschaft in Kaltern am See. Seit dem Start im Jahre 2000 konnten zahlreiche hochwertige Initiativen und Veranstaltungen rund um den Wein verwirklicht werden, welche Vorbildwirkung weit über Kaltern hinaus haben.

www.wein.kaltern.com
info@wein.kaltern.com

Anhang

Quellen

Steuerkataster – Maria-Theresianische Kataster von 1777, Landesarchiv Bozen
Hausbuch, Ladurner-Hof der Familie Margesin in Lana
Statistische Notizen über die landwirtschaftlichen Verhältnisse der Gemeinden (Materialien zu Johann Jakob Stafflers Landesbeschreibung), Ferdinandeum Innsbruck
Erhebungen des Landrichters Josef Aigner zum Stand der Landwirtschaft im Landgericht Lana 1837/38, Archiv Südtiroler Obstbaumuseum, Lana
Hofurkunden

Literatur

Andergassen, Leo: Wein und Rebe in der Kunst, in: Andergassen, Gotthard: Vom Wein in Kaltern. 100 Jahre Erste und Neue Kellereigenossenschaft, Kaltern 2000, S. 29–40
Arbeitskreis Terlaner Weinweg (Hrsg.): Terlan und der Wein, Terlan 2010
Atz, Karl/Schatz, Adelgott: Der deutsche Anteil des Bistums Trient, Band 5, Bozen 1910
Autonome Provinz Bozen – Südtirol (Hrsg.): Statistisches Jahrbuch 2016, Bozen 2017
Blasinger, Raimund: Höfegeschichte Tisens/Freienberg, Dissertation Universität Innsbruck 1979
Delle Cave, Ferruccio: Südtirol. Ein literarischer Reiseführer, Bozen 2011
Egg, Erich: Kunst in Tirol, 2 Bände, Innsbruck 1970–1972
Egg, Erich: Kunst im Unterland, 2. Auflage, Bozen 1991
Egg, Erich: Kunst im Vinschgau, Bozen 1992
Egg, Erich: Kunst im Burggrafenamt, Lana 1994
Fink, Hans: Verzaubertes Land. Volkskunst und Ahnenbrauch in Südtirol, Innsbruck 1973
Fink, Hans: Feldthurns. Ein Südtiroler Dorfbuch, Bozen 1975
Fischer, Klaus: Agrargeographie des westlichen Südtirols, Wien/Stuttgart 1974
Fontana, Josef: Weinbaugeschichte, in: Dorfbuch Montan, Bozen 2003
Giacomoni, Fabio: L'Istituto Agrario di S. Michele all'Adige: dall'antico monastero agostiniano al nuovo centro scolastico sperimentale, S. Michele all'Adige 1994
Giner, Chrysostomus: Wein – Religion – Kultur, in: Katholisches Sonntagsblatt, 15, 1986
Glaser, Hubert: Vita Corbiniani, München/Zürich 1983
Graf, Werner: Häuser- und Höfegeschichte, in: St. Leonhard in Passeier, Band 2, St. Leonhard in Passeier 1993
Greiter, Alois: Höfegeschichte, in: Dorfbuch Marling, Bozen 1989

Greiter, Alois: Höfegeschichte, in: Dorfbuch Tscherms, Lana 1997
Grießmair, Hans: Das Südtiroler Weinmuseum, Bozen 1989
Grießmair, Hans: Rebe, Traube und Wein im religiösen Bildschaffen in Südtirol, in: Der Schlern 79/2005, H. 8/9, S. 18–72
Grimm, Alois: Das Burggrafenamt in Tirol, Meran 1908
Gruber, Karl: Kunstlandschaft Südtirol, Bozen 1980
Gruber, Karl: Südtiroler Heiligenhimmel, Bozen 1991
Gruber, Veronika: Kurtatsch und sein Gebiet im Wandel der Zeit: ein Heimatbuch, Bozen 1995
Guarinoni, Hippolyt: Die Grewel der Verwüstung menschlichen Geschlechts, hrsg. von Elmar Locher. Nachdruck der Ausgabe Ingolstadt 1610, Band 1, Bozen 1993
Gufler, Christoph: Bau- und Kunstdenkmäler, in: Dorfbuch Tscherms, Lana 1997
Gufler, Christoph: Das Burggrafenamt – das Herz Tirols, in: Bezirksgemeinschaft Burggrafenamt (Hrsg.): Im Dienste der Bürger und Gemeinden. 35 Jahre Bezirksgemeinschaft Burggrafenamt, Lana 2006
Gufler, Christoph: Südtiroler Kastanien, Bozen 2011
Gufler, Christoph: Der Südtiroler Apfel, Bozen 2013
Gufler, Christoph: Lana und Umgebung, Bozen 2016
Gufler, Christoph: Meran und Umgebung, Bozen 2017
Haider, Friedrich: Tiroler Brauch im Jahreslauf, Innsbruck 1968
Halbritter, Roland: Saltner – Weinberghüter – Touristenschreck – Vogelscheuche – Papageno – Alpenindianer, in: Der Schlern 79/2005, H. 8/9, S. 88–104
Heimatpflegeverein (Hrsg.): Burggräfler Weinbiachl: der Wein durch die Jahrhunderte, Meran 2014
Hempel, Andreas Gottlieb: WeinBau: Wein und Architektur in Südtirol, Bozen 2016
Heuberger, Richard: Räterwein und Etschland, in: Der Schlern 16/1935, S. 422–424
Hochrain, Helmut: Die guten Weine Südtirols, Bozen 1977
Hoeniger, Karl Theodor: Südtiroler Weinfibel, Bozen 1964
Hohenbühel, Alexander von: Südtiroler Ansitze im Lichte frühneuzeitlicher landesherrlicher Nobilitierungspolitik, in: Pfeifer, Gustaf (Hrsg.): Ansitz – Freihaus – corte franca: bauliche und rechtsgeschichtliche Aspekte adligen Wohnens in der Vormoderne, Innsbruck 2013
Huber, Johann: Über die Stadt Meran in Tirol, ihre Umgebung und ihr Klima, Wien 1837
Humberdrotz, Rudolf: Das Tagebuch des Johannes von Rost, Innsbruck 1956
Huter, Franz: Tiroler Urkundenbuch, Innsbruck 1937–1957
Huyn, Hans: Das Tiroler Weinbuch, Stuttgart 1969
Innerhofer, Walter: Klima und natürliche Vegetation, in: Dorfbuch Schenna, Schenna 2002
Innerhofer Pircher, Elisabeth: Die Landwirtschaft, in: Dorfbuch Schenna, Schenna 2002
Kiem, Maria: Algund im Mittelalter, in: 1000 Jahre Algund, Algund 2005

Kiem, Maria: Die Landwirtschaft. Von der Gesellschaftsform zum Berufszweig, in: 1000 Jahre Algund, Algund 2005
Kofler, Anton: Reben- und Weinsorten, Meran 1919
Kofler-Engl, Waltraud: Frühgotische Wandmalerei in Tirol, Bozen 1995
Kühn, Dieter: Ich Wolkenstein, Frankfurt am Main 1996
Kweton, Karl: Geschichten von Vieh und Leit, Bozen 1980
Ladurner-Parthanes, Matthias: Vom Perglwerk zur Torggl, Bozen 1972
Ladurner-Parthanes, Matthias: Gratsch, das alte Dorf am Fuße des Schlosses Tirol, Meran 1981
Lanthaler, Kurt/Maier, Wolfgang: SüdtirolerWeinLesen, Innsbruck 2004
Lang, Paul: Beiträge zur Kulturgeographie des Brixner Beckens, Innsbruck 1977
Lezuo, Jakob: Weinbrevier, Bozen 1995
Loesch, Ernst: Südtiroler Erinnerungen, Nachdruck Bozen 1998
Loose, Rainer (Hrsg.): Eppan und das Überetsch, Lana 2008
Loose, Rainer: Zur Siedlungsentwicklung Eppans und des Überetsch im 19. und 20. Jahrhundert, in: Loose, Rainer (Hrsg.): Eppan und das Überetsch, Lana 2008
Loose, Rainer: Ansitze in Südtirol. Kulturlandschaftliche und politische Voraussetzungen, in: Pfeifer, Gustaf (Hrsg.): Ansitz – Freihaus – corte franca: bauliche und rechtsgeschichtliche Aspekte adligen Wohnens in der Vormoderne, Innsbruck 2013
Lunz, Reimo: Ur- und Frühgeschichte Südtirols, Bozen 1973
Lunz, Reimo: Archäologie und Wein im Raum Kaltern, in: Andergassen, Gotthard: Vom Wein in Kaltern. 100 Jahre Erste und Neue Kellereigenossenschaft, Kaltern 2000
Mach, Edmund: Der Weinbau und die Weine Deutschtirols, Bozen 1894
Mader, Josef: Der Weinbau und die Weinbereitung in Deutschsüdtirol, Bozen 1894
Mahlknecht, Bruno: Eppan. Geschichte und Gegenwart, Eppan 1990
Mahlknecht, Bruno: Margreid. Entstehung, Entwicklung und Gegenwart, Auer 2001
Mahlknecht, Bruno: Von großen und kleinen Übeltätern. Hundert „Fälle" und „Geschichten" aus Südtiroler Gerichtsakten des 16. Jahrhunderts, Schlern-Schriften 327, Innsbruck 2005
Mang, Hermann: Der Wein im Wetterspruch, in: Der Schlern 5/1924, S. 309–314
Mathà, Konrad/Mathà, Thomas: Chronik der Kellereigenossenschaft Andrian, in: 100 Jahre Kellereigenossenschaft Andrian, Bozen 1993
Menara, Hanspaul: Südtiroler Waalwege, Bozen 1986
Moroder, Joachim: Zur Architektur der Keller im Überetsch, in: Loose, Rainer (Hrsg.): Eppan und das Überetsch, Lana 2008
Mumelter, Hubert: Wein aus Rätien, Bozen 1953
Mumelter, Hubert: Verklärter Herbst, Bozen 1976
Nössing, Josef: Die Bedeutung der Tiroler Weine im Mittelalter, in: Schrenk, Christhard/Weckbach, Hubert (Hrsg.): Weinwirtschaft im Mittelalter, Heilbronn 1997, S. 193–204

Nössing, Josef: „Weingartarbeit“ vor 600 Jahren, in: Der Schlern 79/2005, H. 8/9, S. 72–78

Nössing, Josef: Eppan am Ende des 18. Jahrhunderts, in: Loose, Rainer (Hrsg.): Eppan und das Überetsch, Lana 2008

Nothdurfter, Hans: Vorrömischer Weinbau im Etschtal, in: Der Schlern 63/1989, S. 390–402.

Oberrauch, Luis: Das Südtiroler Weinmuseum am Kalterer See, Bozen 1960

Ottenthal, Emil von/Redlich, Oswald: Archivberichte aus Tirol, Wien 1888

Prieve, Jens: Die Weine von Südtirol, München 1999

Raifer, Barbara: Bemühungen um die Qualitätsverbesserung im Überetscher Weinbau (19./20. Jahrhundert), in: Loose, Rainer (Hrsg.): Eppan und das Überetsch, Lana 2008

Rasmo, Nicolò: Die Stiftskirche in Innichen, Trient 1972

Riedl, Franz Hieronymus: Der Wein in der Kunst und Literatur, in: Komitee der Bozner Weinkost (Hrsg.): Wein und Weinkost in Südtirol, Bozen 1972

Riedl, Franz Hieronymus/Hermann, Frass: Historische Gaststätten in Tirol, Bozen 1978

Riedmann, Josef: Mittelalterlicher Weinbau in Südtirol, in: Andergassen, Gotthard: Vom Wein in Kaltern. 100 Jahre Erste und Neue Kellereigenossenschaft, Kaltern 2000

Roilo, Christine: Item ain hof auf Kontschnä haist zu dem Choien, in: Der Kuihof in Guntschna. Von Leben und Trinken im alten Bozen, Lana 2008

Rüber, Elisabeth: Sankt Benedikt in Mals, Bozen 1992

Scartezzini, Helmuth: Die Weinsorten Südtirols und deren Bedeutung im europäischen Raum, Diplomarbeit 1974

Scartezzini, Helmuth: Die Einführung neuer Rebsorten im vorigen Jahrhundert, in: Obstbau Weinbau 36, 1999

Scartezzini, Helmuth: Geschichtliche Streiflichter zu unserem Weinbau, in: Oberhofer, Hermann: Obst- und Weinbau im Wandel der Zeit, Lana 2007

Schneider, Walter: Die Herrschaftskelter in Missian, in: Loose, Rainer (Hrsg.): Eppan und das Überetsch, Lana 2008

Schützenkompanie Montan (Hrsg.): Montan, Band 1 und 2, Auer 2003

Staffler, Johann Jakob: Das deutsche Tirol und Vorarlberg, Innsbruck 1846

Staffler, Richard: Etschländer Weinbuch, Bozen 1930

Staffler, Richard: Zur Geschichte des Südtiroler Weinhandels, in: Der Schlern 33/1959, S. 216–219, 313–321.

Staffler, Richard: Humor in Südtirol, 2. Auflage, Bozen 1970

Stampfer, Helmut (Hrsg): Bauernhöfe in Südtirol. Bestandsaufnahmen 1940–1943, Band 1: Ritten; Band 5: Bozner Weinleiten – Überetsch – Unterland; Band 6: Unteres Eisacktal; Band 8: Mittleres Eisacktal, Bozen ab 1990

Stampfer, Helmut: Kleine ausgemalte Räume in Südtiroler Ansitzen, in: Pfeifer, Gustaf (Hrsg.): Ansitz – Freihaus – corte franca: bauliche und rechtsgeschichtliche Aspekte adligen Wohnens in der Vormoderne, Innsbruck 2013

Steiner, Hubert: Alpine Brandopferplätze, Trient 2010

Stolz, Otto: Die Ausbreitung des Deutschtums in Südtirol, Band 2 und 3, München 1932, Nachdruck Bozen 1975

Stolz, Otto: Politisch-historische Landesbeschreibung von Südtirol, Schlern-Schriften 40, Innsbruck 1937

Stolz, Otto u. a.: Quellen zur Steuer-, Bevölkerungs- und Sippengeschichte des Landes Tirol im 13., 14. und 15. Jahrhundert, Schlern-Schriften 44, Innsbruck 1939

Stolz, Otto: Zur Geschichte des Weinbaues in Tirol, in: Der Schlern 22/1948, S. 330–337.

Stolz, Otto: Rechtsgeschichte des Bauernstandes und der Landwirtschaft in Tirol und Vorarlberg, Bozen 1949

Stolz, Otto: Meran und das Burggrafenamt im Rahmen der Tiroler Landesgeschichte, Bozen 1956.

Stutzer, Dietmar: Weingüter bayerischer Prälatenklöster in Südtirol, Rosenheim 1980

Tarneller, Josef: Die Hofnamen im Burggrafenamt und in den angrenzenden Gemeinden. II. Teil, Wien 1911

Tarneller, Josef: Die Hofnamen im unteren Eisacktal, Wien 1915

Tarneller, Josef: Die Burg-, Hof- und Flurnamen in der Marktgemeinde Gries bei Bozen, Innsbruck 1924

Taschler, Herbert: Südtiroler Wein- und Kellerei-Geschichten, Bozen 2017

Taschler, Herbert: Südtiroler Vernatsch: gestern – heute – morgen, Bozen 2018

Taschler, Herbert: Südtirols Top-Weine 2019, in: Dolomiten Wiku Wirtschaftskurier 28.11.2018, S. 4–6

Tecchiati, Umberto (Hrsg.): Der Heilige Winkel. Der Bozner Talkessel zwischen der Späten Bronzezeit und der Romanisierung (13.–1. Jh. v. Chr.), Bozen 2002

Terzer, Simon: Grundherrschaft und Besitz des Klosters St. Mang (Füssen) in Südtirol bis zur Säkularisation, Diplomarbeit Universität Innsbruck 2005

Ties, Hanns-Paul: Bildwelten des Adels. Wandmalereien der Spätrenaissance in Südtiroler und Trentiner Ansitzen, in: Andermann, Kurt/Pfeifer, Gustav (Hrsg.): Ansitz – Freihaus – corte franca. Bauliche und rechtsgeschichtliche Aspekte adligen Wohnens in der Vormoderne, Veröffentlichungen des Südtiroler Landesarchivs 36, Innsbruck 2013

Ties, Hanns-Paul: Bartlme Dill Riemenschneider – Transitregion und Kunsttransfer. Forschungsergebnisse und -perspektiven zur Kunst der Frühen Neuzeit in Tirol und im Trentino, in: Der Schlern 89/2015, H. 12, S. 31–43

Tschurtschenthaler, Paul: Ein Krügel Wein aus St. Urbans Land, Bozen 1937

Turris Babel, Zeitschrift der Architekturstiftung Südtirol, Ausgabe 12/2014, Bozen 2014

Völs am Schlern 888–1988. Ein Gemeindebuch, Bozen 1988

Weber, Andreas Otto: Studien zum Weinbau der altbayerischen Klöster im Mittelalter. Altbayern – Österreichischer Donauraum – Südtirol, Stuttgart 1999

Weber, Beda: Meran und seine Umgebungen. Oder: Das Burggrafenamt von Tirol, Innsbruck 1845

Weber, Beda: Die Stadt Bozen und ihre Umgebungen, Bozen 1849, unveränd. Nachdruck Bozen 1987

Weingartner, Josef: Von Wirten und Weinen, in: Unterwegs, Innsbruck 1951

Weingartner, Josef: Die Kunstdenkmäler Südtirols, 1. Auflage Wien 1930, Nachdruck Bozen 1991

Weingartner, Josef: Landschaft und Kunst in Südtirol, Bozen 1973

Weingartner, Josef: Im Dienste der Musen, Schlern-Schriften 267, Innsbruck 1978

Werth, Kurt: Geschichte der Etsch, Lana 2003

Wiesflecker, Hermann: Die Regesten der Grafen von Görz und Tirol, Innsbruck 1949

Wolkenstein, Marx Sittich von: Landesbeschreibung von Südtirol (um 1615), Schlern-Schriften 34, Innsbruck 1936

Wopfner, Hermann: Entstehung und Wesen des tirolischen Volkstums. Bäuerliche Siedlung und Wirtschaft, Innsbruck 1994

Zani, Karl Franz: Überetscher Weinbuch, Band 1, Girlan 1978

Zani, Karl Franz: Der Weinritt, Bozen 1986

Zingerle, Ignaz Vinzenz/Egger, Josef: Die tirolischen Weisthümer, Band 4, 4. Teil, Wien 1888

Zwerger, Roland: Vom Weißen Lagrein über den „Weißterlinger“ zum Gewürztraminer, in: Der Schlern 79/2005, H. 8/9, S. 78–88

Bildnachweis

Der Verlag dankt allen Bildgebern für die Zurverfügungstellung ihrer Fotos, insbesondere den Kellereien, Tourismusvereinen, IDM und Privatpersonen. Die Quellen sowie die Rechtsinhaber der abgedruckten Bilder sind untenstehend aufgelistet. Etwaige Rechtsinhaber, die nicht ausfindig gemacht werden konnten, werden gebeten, sich mit dem Verlag in Verbindung zu setzen.

Abhandlungen und Berichte des Königl. Zoologischen und Anthropologisch-Ethnographischen Museums zu Dresden, 1900/1, Band IX: 70
Alamy: 53
Amt für Film und Medien, Sammlung Südtiroler Erbhöfe: 82, 134/135, 159
Assessorat für Handel und Kreditwesen der Region Trentino-Tiroler Etschland (Hrsg.): Weine und Weinbau in Trentino-Südtirol, Rovereto 1964: 75, 175
Augustiner Chorherrenstift Neustift: 77, 78, 267 (Florian Andergassen)
Autonome Provinz Bozen-Südtirol, Geobrowser, Historischer Kataster von 1858: 98
Bozner Weinschau in München, Bozen 1931: 125 unten
Dipoli Peter, Neumarkt (Archiv): 16 (Erwin Haas), 50 (Erwin Haas), 92 oben, 108 (Archiv Familie Praxmarer), 171
Edition Raetia, Bozen (Archiv): 109, 165, 167
Eisacktaler Kellereigenossenschaft: 32/33 (Nr. 8), 67
Erste & Neue Kellereigenossenschaft, Kaltern (Hrsg.): Vom Wein in Kaltern: 100 Jahre Erste & Neue Kellereigenossenschaft, Kaltern 2000: 127
Gourmet's International, Tscherms: 258
Gufler Christoph, Lana: 80, 81, 84, 86, 99, 136, 137 links, 143, 144, 149, 151, 158, 163 (alle), 169, 173 (alle), 176, 177, 178, 204, 213, 229, 235
Hell Irene, Kaltern: 104, 106
Hoeniger, Karl Theodor: Südtiroler Weinfibel, Bozen 1964: 55, 56, 62
IDM Südtirol: 38/39 (Florian Andergassen), 41 (Marion Lafogler), 58 (Florian Andergassen), 68/69 (Frieder Blickle), 85 (Clemens Zahn), 92 unten (Clemens Zahn), 114 (Frieder Blickle), 146 (trickytine), 164 (Frieder Blickle), 188 (Alex Filz), 194 (Alex Filz), 199 (Alex Filz), 221 (Clemens Zahn), 237 (Daniel Geiger), 243 (Alex Filz), 253 (Alex Filz), 263 (Alex Filz)
Kellerei Bozen: 30/31 (Nr. 1, Oskar Da Riz), 61 (Oskar Da Riz)
Kellerei Kaltern: 8/9 (Manfred Pernthaler), 30/31 (Nr. 2, Alex Filz), 32/33 (Nr. 7, Alex Filz), 42 (Alex Filz), 121, 219 (Manfred Pernthaler)
Kellerei Meran: 30/31 (Nr. 3, Helmuth Rier), 131 (Helmuth Rier), 141 (Stephan Fischnaller), 193 (Stephan Fischnaller)
Kellerei Nals Margreid: 32/33 (Nr. 5, Bruno Klomfar), 48, 132 (Udo Bernhart)
Kellerei St. Michael-Eppan: 15, 20, 34 rechts, 120, 137 rechts
Kellerei Terlan: 109 (Udo Bernhart), 210 (Udo Bernhart)

Kellerei Tramin: 30/31 (Nr. 4, Rickard Kust), 34 links (Florian Andergassen)
Kellereigenossenschaft Andrian (Hrsg.): 100 Jahre Kellereigenossenschaft Andrian: 1893–1993, Bozen 1993: 123, 138 (Anton Pichler), 139 (Gotthard Andergassen), 174 (Diözesanmuseum Brixen)
Kellereigenossenschaft St. Pauls: 65, 118
Komitee der Bozner Weinkost (Hrsg.): Wein und Weinkost in Südtirol: Festschrift zur 50. Bozner Weinkost, Bozen 1972: 172
Kränzelhof, Tscherms: 265
Ladurner-Parthanes, Matthias: Vom Perglwerk zur Torggl, Bozen 1972: 55, 56, 62, 152
Lageder Alois, Margreid: 44, 130 (John McDermott), 142 (Gianni Bodini), 228, 262
Maran Ivo, Kaltern: 91 (Foto der Reproduktion der Karte im Südtiroler Weinmuseum, Original im Tiroler Landesmuseum Ferdinandeum Innsbruck), 95, 96
Dietmar Mitterer-Zublasing, Tramin / diewanderer.it: 3, 148, 155, 214, 218, 223, 227, 232
Oberrauch Luis, Brixen (Archiv): 115, 125 oben
Rieslingtage Naturns: 186
Ruepp Martin, Schlanders: 183
Sixt Wolfgang, Bozen: 126
Schloss Braunsberg, Lana: 201
Othmar Seehauser, Bozen: 100/101
Simplicissimus, 36. Jg, 1931/32: 160
Sinnergut, Nals: 208
Solderer, Gottfried (Hrsg.): Das 20. Jahrhundert in Südtirol. Band I: Abschied vom Vaterland (1900–1919), Bozen 1999: 116
Stadtmuseum Meran: 103
Südtiroler Landesmuseum für Tourismus: 157 (Sammlung Touriseum)
Südtiroler Obstbaumuseum, Lana: 117
Südtiroler Weinmuseum, Kaltern: 73, 153, 179, 266 (Hermann Maria Gasser)
Südtiroler Weinstraße, Kurtatsch: 11 (Achim Meurer)
Tourismusverein Algund: 180/181 (Frieder Blickle), 190 (Daniela Prossliner)
Tourismusverein Auer, Montan, Neumarkt, Salurn (Castelfeder): 230 Dieter Runggaldier
Tourismusverein Eppan: 254/255 (Marion Lafogler/2015), 261 (Livestyle/2014)
Tourismusverein Klausen: 245
Tourismusverein Südtiroler Unterland, Kurtatsch: 225
Tourismusverein Terlan: 209 (Sebastian Stocker)
Tourismusverein Tisens-Prissian: 206 (René Gamper)
Unterhuber, Christian/Hauser, Franz: 100 Jahre Etschregulierung & Bodenverbesserung im Südtiroler Unterland, Neumarkt 1993: 111
Verkehrsamt der Stadt Bozen: 64 (Manuela Tessaro) 216, 256 (Manuela Tessaro), 269 (Luca Guadagnini).

Weingut Pfitscher, Montan: 32/33 (Nr. 6)
Wein Magazin by Vinexus: 22
Werbefoto Tappeiner, Lana: 129
Wikipedia: 71 (Wikipedia ManfredK), 102, 203 (Benreis), 239 (Wolfgang Moroder), 241 (Wolfgang Moroder), 247 (Wolfgang Moroder), 250 (Wolfgang Moroder)